中等职业教育国家规划教材
全国中等职业教育教材审定委员会审定

工程水文基础

（农业水利技术专业）

主　　编　耿鸿江
责任主审　张勇传
审　　稿　李承军
　　　　　康　玲

中国水利水电出版社
www.waterpub.com.cn

内 容 提 要

本书为中等职业教育国家规划教材。全书共分六章，主要介绍水文基础知识、水文资料的收集、水文统计、年径流的分析与计算、小流域设计洪水的计算及径流调节计算等工程水文基础知识。

本书为中等职业学校农业水利技术专业教材，也可供水利水电类中等职业学校和高职高专学校师生及相关专业的工程技术人员参考。

图书在版编目（CIP）数据

工程水文基础/耿鸿江主编．—北京：中国水利水电出版社，2002（2023.8 重印）

中等职业教育国家规划教材

ISBN 978-7-5084-1332-7

Ⅰ．工…　Ⅱ．耿…　Ⅲ．工程水文学-专业学校-教材　Ⅳ．TV12

中国版本图书馆 CIP 数据核字（2002）第 097133 号

书　名	中等职业教育国家规划教材 **工程水文基础**（农业水利技术专业）
作　者	主编　耿鸿江
出版发行	中国水利水电出版社 （北京市海淀区玉渊潭南路 1 号 D 座　100038） 网址：www.waterpub.com.cn E-mail：sales@mwr.gov.cn 电话：(010) 68545888（营销中心）
经　售	北京科水图书销售有限公司 电话：(010) 68545874、63202643 全国各地新华书店和相关出版物销售网点
排　版	中国水利水电出版社微机排版中心
印　刷	天津嘉恒印务有限公司
规　格	184mm×260mm　16 开本　9.25 印张　225 千字
版　次	2003 年 1 月第 1 版　2023 年 8 月第 7 次印刷
印　数	16101—17100 册
定　价	**32.00** 元

中等职业教育国家规划教材

出版说明

为了贯彻《中共中央国务院关于深化教育改革全面推进素质教育的决定》精神，落实《面向21世纪教育振兴行动计划》中提出的职业教育课程改革和教材建设规划，根据教育部关于《中等职业教育国家规划教材申报、立项及管理意见》（教职成[2001]1号）的精神，我们组织力量对实现中等职业教育培养目标和保证基本教学规格起保障作用的德育课程、文化基础课程、专业技术基础课程和80个重点建设专业主干课程的教材进行了规划和编写，从2001年秋季开学起，国家规划教材将陆续提供给各类中等职业学校选用。

国家规划教材是根据教育部最新颁布的德育课程、文化基础课程、专业技术基础课程和80个重点建设专业主干课程的教学大纲（课程教学基本要求）编写，并经全国中等职业教育教材审定委员会审定。新教材全面贯彻素质教育思想，从社会发展对高素质劳动者和中初级专门人才需要的实际出发，注重对学生的创新精神和实践能力的培养。新教材在理论体系、组织结构和阐述方法等方面均作了一些新的尝试。新教材实行一纲多本，努力为教材选用提供比较和选择，满足不同学制、不同专业和不同办学条件的教学需要。

希望各地、各部门积极推广和选用国家规划教材，并在使用过程中，注意总结经验，及时提出修改意见和建议，使之不断完善和提高。

教育部职业教育与成人教育司

2002年10月

前　言

本书是根据教育部《面向21世纪职业教育课程改革和教材建设规划》、水利水电中专教研会2001年制订的《中等职业学校农业水利技术专业指导性教学计划》及《工程水文基础教学大纲》编写的。

为了适应中等职业教育的新形势，深化教学改革，本书以提高学生全面素质为目的，以适用、实用、够用为原则，以培养学生创新精神和实践能力为重点，降低知识重心，淡化学科体系，以小流域和无资料地区的水文及水利计算为核心，以河流水资源（水文情势）的形成、水文资料的收集、水文资料的统计、水文要素的概率预估及其径流调节确定工程规模为线索，重新组织课程结构。频率计算、相关分析和瞬时单位线等关键计算都给出了计算机算法，每章都配有一定的系统算例，章后还编写了大量的思考题与练习题，这些题目数量合理，综合性强，计算题都给出了参考答案，便于学生独立计算。本书的内容和体系与传统教材有很大区别，以尽量突出现代职业教育的特色。

本书由云南省水利水电学校耿鸿江（编写绪论、第三章、第五章）、江西省水利水电学校朱国华（编写第一章、第四章）和安徽水利水电职业技术学院于玲（编写第二章、第六章）三位同志编写，相互间对各章教材进行了校对。本书由耿鸿江主编。

本书在编写过程中，参阅引用了有关院校的教材和生产科研单位的技术资料，未一一注明，在此，编者对所有的作者均表示感谢。同时也对给予编写本书大力支持的各位专家学者表示衷心的感谢。

本书经全国中等职业教育教材审定委员会审定，由华中科技大学张勇传院士担任责任主审，华中科技大学李承军、康玲副教授审稿，中国水利水电出版社另聘河南省水利水电学校孙中华审阅了全稿，在此一并表示感谢。

最后，我们恳切地希望各校师生及其他读者对本教材的缺点和错误提出批评指正。

编　者

2002年8月

目 录

绪　　论

一、自然界水的分布

地球的自然环境由大气圈、岩石圈、水圈和生物圈所构成。地球上的水资源从广义上来说，是指地球上所有形式的水，如海洋水、冰川水、湖泊水、地下水、土壤水、生物水和大气水等。地球上水资源的总储量达13.86亿km^3，其中海水占96.5%，约覆盖地球总面积的71%。天然淡水量约0.35亿km^3，占总储量的2.53%，而其中的99.86%是深层地下水和两极、高山冰雪等难以为人们所利用的静态水量。与人类活动密切相关的江、河、湖等地表淡水总量为10.46万km^3，占淡水总量的0.3%，特别是河流的淡水，只占全球淡水总量的0.006%，如表0-1所示。从狭义上讲，水资源是指人类可以利用的、逐年可以得到恢复和更新的淡水量，大气降水是它的补给来源。

表0-1　　地球上的水体分布情况

项　　目	总水量(10^6km^3)	所占百分比(%)	淡水量(10^6km^3)	所占百分比(%)
世界总水量	1385.98461	100	35.02921	100
海　水	1338.0	96.5		
地下水	23.4	1.7	10.53	30.06
土壤水	0.0165	0.001	0.0165	0.05
冰雪总量	24.0641	1.74	24.0641	68.7
其中：南极	21.6	1.56	21.6	61.7
格陵兰岛	2.34	0.17	2.34	6.68
北极	0.0835	0.006	0.0835	0.24
山岳	0.0406	0.003	0.0406	0.12
冰土地下水	0.3	0.022	0.3	0.86
地表水	0.18999	0.014	0.10459	0.3
其中：湖泊	0.1764	0.013	0.091	0.26
沼泽	0.01147	0.0008	0.01147	0.03
河川	0.00212	0.0002	0.00212	0.006
大气中水	0.0129	0.001	0.0129	0.04
生物内水	0.00112	0.0001	0.00112	0.003

二、自然界的水循环

据估算，全球平均年降水量为57.7万km^3，而由表0-1可知，大气的储水量为1.29万km^3，大气水量平均约8天就要交替一次。这些补充的水量是从哪里来的？是什么原因使水资源得以恢复和更新呢？

地球表面的广大水体，在太阳辐射作用下，大量水分被蒸发，上升到空中，被气流输送到各地。在这过程中，遇冷凝结而以降水形式落到地面上，再从河道或地下流入海洋。水分这样往返循环不断交替的现象叫水循环。水循环的内因是水的物理特性，即气态、液态和固态的相互转化，外因是太阳辐射和地心引力。此外，地形、地质、土壤和植被等对水循环也有一定的影响。

自然界的水循环，按其涉及的地域和规模可分为大循环和小循环，如图 0-1 所示。从海洋表面蒸发的水汽被气流带到大陆上空，遇冷凝结，形成降水。降水到达地面后，其中一部分直接蒸发返回空中，另一部分形成径流，从地面或地下汇入海洋，这种海陆间水分交换的过程称为大循环。海洋上蒸发的水汽有一部分直接凝结成降水又落回海洋，或从陆地蒸发的水汽在空中凝结成降水又落回到陆地，这种海洋系统或陆地系统的局部水循环称为小循环。前者称海洋小循环，后者称内陆小循环。

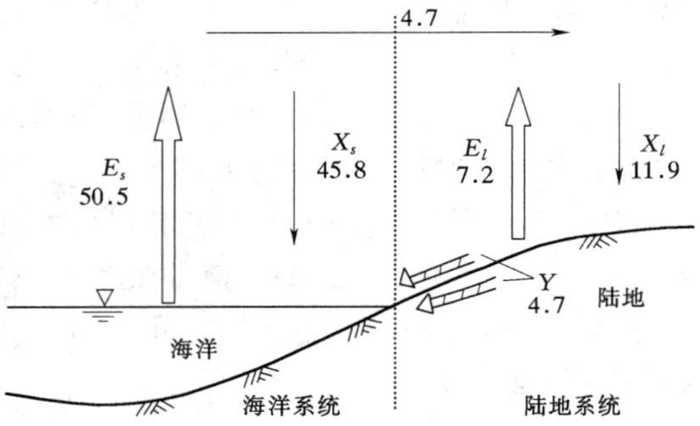

图 0-1　自然界水循环示意图（单位：万 km^3）

E_s—海洋年蒸发量；E_l—陆地年蒸发量；X_s—海洋年降水量；X_l—陆地年降雨量；Y—陆地年径流量

内陆小循环对内陆地区的降水有重要作用，因内陆远离海洋，直接接受海洋输送的水汽不多，需通过内陆局部地区的水循环使水汽随气流不断向内陆输送。水汽在内陆上空冷凝降水后，一部分形成径流，一部分再蒸发为水汽向更远的内陆输送，依此循环。但愈向内陆，水汽愈少，这就是沿海湿润，内陆干旱的原因。

自然界的水循环情势，从长期来看，大体上是稳定的，水分的运动是遵循物质不灭定律的，对于陆地、海洋或全球的任一时段内，来水量等于出水量与区域内蓄水量变化之和，即水量平衡。水循环过程中全球水量平衡的基本要素为降水量、蒸发量、河川径流量和区域内蓄水量的变化。对于长期平均而言，蓄水量的变化正负值可以相互抵消，因此多年平均情况下的水量平衡方程为：陆地降水量为蒸发量与径流量之和；海洋蒸发量为降水量与径流量之和；全球的降水量等于蒸发量。据估算，地球上每年参与水循环的总水量约为 57.7 万 km^3，海洋年蒸发量为 50.5 万 km^3，海洋年降水量为 45.8 万 km^3，两者差值 4.7 万 km^3 的水量被气流送到陆地上空。陆地上每年降水量约为 11.9 万 km^3，比陆地上每年蒸发量多 4.7 万 km^3，这部分多余的水量通过江河又流回到海洋。

水循环中水的存在、运动和变化，统称为水文现象。各种水文现象在时间或空间上的变化称为水文过程。水循环是一切水文现象及水资源变化的根源。

三、我国水资源的特点

（一）水资源总量不少，但人均水资源量很低

根据 20 世纪 80 年代初全国的水资源评价成果，我国多年平均年降水总量为 61889 亿 m^3，折合降水深 648mm。河川径流量为 27115 亿 m^3，折合径流深为 284mm。地下水资源总量约为 8288 亿 m^3，扣除地表水与地下水相互转化的重复水量，我国水资源总量为 28124 亿 m^3。我国的水资源总量仅次于巴西、前苏联、加拿大、美国和印度尼西亚，居世界第六位。但根据 1997 年人口统计，全国人均水资源量为 $2220m^3$，不到世界人均水资源量的 1/4，排在世界各国的第 121 位。预测到 2030 年我国人口增至 16 亿时，人均水资源量将降至 $1760m^3$。按国际上一般承认的标准，人均水资源量少于 $1700m^3$ 的为用水紧张国家，因此，我国未来水资源的形势是十分严峻的。

（二）水资源的时间分布不均衡，水旱灾害频繁

由于受季风的影响，我国降水量年内分配极不均匀，南方汛期水量占年水量的 60%～70%，北方则为 80%以上。不但容易形成春旱秋涝，而且水资源量中大约 2/3 左右是洪水径流量。此外，我国降水量年际之间变化很大，南方地区最大年降水量与最小年降水量的比值为 2～4 倍，北方地区为 3～8 倍。年径流量的最大与最小的比值，长江、珠江和松花江为 2～3 倍，黄河为 4 倍（断流除外），淮河为 15 倍，海河高达 40 倍，并且出现连续丰水年或连续枯水年的情况。降水量和径流量的年际剧烈变化和年内高度集中，使水资源利用困难，极易造成水旱灾害。近一个世纪以来，受气候变化和人类活动的影响，我国水旱灾害更加频繁，平均每 2～3 年就有一次水旱灾害。1991 年、1996 年、1998 年长江和松花江大洪水，1999 年、2000 年北方及黄淮流域的大旱，灾害损失愈来愈大。水旱灾害仍然是中华民族的心腹之患。

（三）水资源的空间分布不均衡，水、土资源区域分布不匹配

我国的水资源南多北少，而耕地和人口北多南少。造成了南方水量有余，北方水量短缺的局面，如表 0-2 所示。

表 0-2　　我国水资源、耕地、人口的分区统计表

分区名称			占全国的百分比（%）				人均水量（m^3/人）	亩均水量（m^3/亩）
			水资源量	人口*	耕地**	GDP		
内流区域（含额尔齐斯河）			4.6	2.1	5.7	1.7	4876	1589
外流区域	北方	东北诸河	6.9	9.6	20.2	10.4	1646	660
		海滦河	1.5	10.0	11.3	11.6	343	259
		淮河和山东诸河	3.4	16.2	15.2	14.1	487	437
		黄河	2.6	8.5	12.9	6.7	707	400
		北方四区（合计）	14.4	44.3	59.6	42.8	747	471
	南方	长江	34.2	34.3	23.7	33.2	2289	2783
		华南诸河	16.8	12.1	6.7	13.5	3228	4501
		东南诸河	9.2	5.6	2.5	8.1	2885	5344
		西南诸河	20.8	1.6	1.8	0.7	29427	23090
		南方四区（合计）	81.0	53.6	34.7	55.5	3481	4317
全国			100	100	100	100	2220	1888

*　1997 年全国人口统计结果。
**　耕地面积采用 1993 年数据。

我国南方耕地占全国的 34.7%，人口占全国的 53.6%，拥有水资源量却占全国的 81%，特别是西南诸河流域，耕地占全国的 1.8%，人口占全国的 1.6%，GDP 占全国的 0.7%，而水资源量占全国的 20.8%，人均水资源量为全国平均的 13 倍，亩均水资源量为全国平均的 12 倍。北方耕地为全国的 59.6%，人口为全国的 44.3%，而水资源量仅为全国的 14.4%，西南诸河人均水资源量为海滦河的 86 倍，亩均水资源量为 89 倍。

（四）水土流失严重，江河含沙量高

随着人口的膨胀，过度砍伐树木、放牧、山坡垦田、不合理的耕作和开矿挖土等，使地面被覆遭到严重破坏，水土流失严重。到 1989 年底，我国水土流失面积已扩展到 367 万 km^2，占全国陆地面积的 38.2%，每年流入江河的泥沙有 50 亿 t，流失的肥力相当于

全国化肥年产量的9倍之多。我国因水土流失而损失耕地7万多hm^2，荒漠化面积扩展到$2460km^2$，草地退化面积达130万km^2。

水土流失不但造成土壤瘠薄、草地退化和荒漠化等生态系统恶化，而且使河流的含沙量增大，河道中下游河床不断抬高，行洪能力减小，防洪难度增加。1998年长江大洪水的洪峰流量虽比1954年的小，但洪水位却超过1954年。水土流失造成泥沙淤积严重，使水库库容减少，效益降低。此外，从多沙河流引水灌溉，泥沙处理也是个问题。

（五）水质污染严重，水环境恶化

我国河流的天然水质是相当好的，但由于人口的不断增长和工业的迅速发展，废污水的排放量增加得很快，水体污染日趋严重。2000年废污水日排放量为620亿t，80%以上的废污水未经任何处理直接排入水域，使河流、湖泊、水库遭受了不同程度的污染。

根据2000年水质监测结果，全国11.4万km河长中污染河长（Ⅳ类以上）占41.3%，被调查的24个湖泊中，4个湖泊部分水体受到污染，11个湖泊水污染严重。据1988年对118座城市浅层地下水普查结果，115座城市地下水受到不同程度的污染，其中重度污染占40%。水资源污染后失去使用价值，使缺水雪上加霜，被称为水资源污染性短缺或水质性缺水。治理水污染，保护江河及供水安全已成了当务之急。

我国以占全球6%的可更新水资源、9%的耕地，保障了占全球22%人口的温饱和经济发展，这是我国水利建设的重大成就。但也为此付出了上述“水多、水少、水浑、水脏和生态环境不断恶化”的沉重代价。以水资源紧张、水污染严重和洪涝灾害为特征的水危机已成为我国目前国民经济可持续发展的制约因素，因此，合理开发利用和保护水资源，防治水旱灾害、水土流失和水质污染，以水资源的可持续利用支持我国社会经济的可持续发展是非常重要和紧迫的任务。

四、水文学及工程水文的内容

水文学是研究地球上各种水体的一门科学，它研究各种水体的存在、循环和分布，探讨水体的物理和化学特性以及它们对环境的作用，包括它们对生物的关系。水体是指以一定形态存在于自然界一定空间中的水，如大气中的水汽，河流、湖泊、沼泽、海洋里的水和地下水。各种水体都有自己的特性和变化规律，因此，水文学可按其研究的对象分为水文气象学、河流水文学、湖泊水文学、沼泽水文学、冰川水文学、海洋水文学和地下水文学等。

各种天然水体中，河流与人类生活的关系最为密切，因此，河流水文学与其它水体水文学相比，发展得最早最快，目前已成为内容比较丰富的一个学科。正是由于这个原因，一般所说的水文学指的就是河流水文学。河流水文学按其研究的任务的不同，可划分为下列几个主要分支学科。

（1）水文测验及水文调查。通过适当的水文测验手段、资料整编方法、实验研究方法、水文调查方法等，收集和整理各种水文资料。

（2）水文预报。在研究水文规律的基础上，预报未来短时期的水文情势，为防汛抗旱服务。

（3）水文分析与计算。在研究水文规律的基础上，预估未来长时期的水文情势，为水资源开发利用措施的规划、设计、施工和运用提供水文数据。

（4）水利计算与规划。在水文分析与计算的基础上，综合研究水文情势、用水需要、调节方法和经济论证等，对水利工程的规模和工作情况，提出经济合理的决策。

工程水文是结合工程建设的需要，逐渐形成和发展的一门应用技术，即应用水文知识于工程建设的一门学科。它主要研究所有与工程（主要是水利水电工程）的规划、设计、施工和运行有关的一切水文问题。

五、工程水文在水利水电工程中的作用

各种形式的水资源的开发利用措施都必须是在充分掌握水体的水文变化规律和水资源的承载能力的基础上制定和实施的。其中每一项工程在实施过程中，都可以划分为规划设计、施工、管理运用三个阶段。每一个阶段都需要进行水文计算，而每个阶段水文计算的任务又是各不相同的。

（1）规划设计阶段。主要是通过对比不同方案的投资和效益，选定最优方案。而工程水文是计算工程投资和效益的基础。例如，设计水库和灌区时，若把河流水量估算偏大，据此设计的水库容积和灌区面积就会过大，不仅不能发挥工程的效益，造成资金的浪费，而且供水超过水资源的承载能力，使流域的生态系统遭到破坏，影响到水资源可持续利用；反之，来水估算偏小，使工程设计偏小，水资源就不能得到充分利用。特别是对河流洪水量的估算，更关系到工程本身的安全和下游人民生命财产的安全。因此，在工程规划设计阶段，工程水文的任务是为工程设计提供未来的水文数据，如设计年径流和输沙量、设计洪水等，可作为选择工程的参变数（如死库容与死水位、兴利库容与正常蓄水位、调洪库容与设计洪水位、灌溉面积、水电站的保证出力和多年平均年发电量等）和确定主要建筑物尺寸（如坝高、溢洪道尺寸、引水渠道尺寸、装机容量等）的依据。

（2）施工阶段。为了修建临时性水工建筑物，如围堰、导流隧洞等，需计算施工期设计洪水。施工期设计洪水的大小关系到施工建筑物的造价与安全。

（3）管理运用阶段。需要知道未来时期的来水情况，以便据此编制水量调度计划。如有防洪任务的水库，需要进行洪水预报，以便提前腾空库容或及时蓄滞洪水。另外在工程建成以后，还要不断复核和修改设计阶段的水文计算成果，对工程进行改造。

总之，为开发利用水资源以及防治水旱灾害而兴建并管理好各种水利工程，都必须应用工程水文这门学科，预估河流未来的水文情势，在水资源承载能力的基础上，在保证河流和流域的生态环境用水的前提下，确定工程的规模和效益。

在农业水利技术等专业设置《工程水文基础》课程的目的，是使学生学习有关水文学的基本概念，水文资料的收集方法与途径，掌握年径流的分析计算方法，小流域设计洪水的计算，并了解径流调节计算的一般知识。本课程为农业水利技术等专业的技术基础课，与《水力学基础》、《农田灌溉与排水》和《水工建筑物》等课程联系紧密。

六、水文现象的基本规律及工程水文的研究方法

（一）水文现象的基本规律

水文现象作为一种自然现象，它有三种基本规律。

（1）水文现象的确定性规律。水文现象同其它自然现象一样，具有必然性和偶然性两个方面。在水文学中通常按数学的习惯称必然性为确定性，偶然性为随机性。

众所周知，河流每年都有丰水期和枯水期的周期性交替，冰雪水源河流具有以日为周期的水量变化。产生这些现象的基本原因是地球的公转和自转。在一个流域上降落一场暴雨，这条河流就会出现一次洪水。如果暴雨强度大、历时长、笼罩面积大，产生的洪水就大。显然。暴雨与洪水之间存在着因果关系。这就说明，水文现象都有其客观发生的原因和具体形成的条件，它是服从确定性规律的。

(2) 水文现象的随机性规律。河流断面丰水期出现的最大洪峰流量、枯水期的最小流量或年径流量的数值，每年都是不重复的，具有随机性的特点。但是，通过长期观测，可以发现，特大的洪水流量和特小的枯水流量出现的机会较少，中等洪水和中等枯水出现的机会较多，而多年平均年径流量却是一个趋近稳定的数量。水文现象的这种随机性规律需要由大量资料统计出来，所以，通常又称为统计规律。

(3) 水文现象的地区性规律。水文现象除了受具有地区性规律的地理因素影响外，还受气候因素（如降水、蒸发、气温等）所制约，而这些气候因素同样是有地区性规律的，所以水文现象也在一定程度上具有地区性规律。

（二）工程水文的研究方法

根据水文现象上述的基本规律，工程水文的研究方法相应地可分为以下三类。

(1) 成因分析法。如上所述，水文现象与影响因素之间存在着确定关系。通过对观测资料或实验资料的分析，可以建立某一水文要素与其影响因素的定量关系。这样，就可以根据当前影响因素的状况，预测未来的水文状况。这种利用水文现象确定性规律来解决水文问题的办法，称为成因分析法。这种方法能够求出比较确切的结果，在水文现象分析和水文预报中得到广泛的应用。

(2) 数理统计法。根据水文现象的随机性规律，以概率理论为基础，运用频率计算方法，可以求得某水文要素的频率分布，从而得出工程规划设计所需要的水文特征值。利用两个或多个变量之间的关系，进行相关分析，可以展延水文系列或作水文预测。

(3) 地区综合法。根据气候要素及地理要素的地区性规律，可以按地区分析受其影响的某些水文特征值的地区分布规律。这些分析可以用等值线图或地区经验公式表示，如多年平均年径流深等值线图、洪水地区经验公式等。利用这些等值线图或经验公式，可以间接地推求出观测资料短缺地区的水文特征值。这就是地区综合法。

工程水文的上述三种基本方法，在实际工作中常常交叉使用，相辅相成，互为补充。

思 考 题

1. 什么是水资源？水资源为什么具有可恢复性？
2. 物质不灭定律在自然界水循环中是如何体现的？
3. 我国水资源存在的问题及其对策是什么？
4. 工程水文在水利水电工程中的作用是什么？
5. 水文现象有哪些基本规律，相应地要采用哪些研究方法？

第一章　水文基础知识

第一节　河流与流域

河流与流域是河川径流的发生场，河流与流域的特征对河流水文情势有着直接或间接的影响。

一、河流及其特征

河流是接纳地面径流和地下径流的泄水道，是水文循环的循环路径之一。流入海洋的河流称为外流河。如长江、黄河、淮河、海河等。流入内陆湖泊或消失于沙漠之中的河流称为内流河。如青海的布喀河、新疆的塔里木河等。虽说陆地上河流水量远不及海洋水之多，然而它却与人们的关系最为密切，从传说中的大禹治水到’98长江抗洪抢险、黄河小浪底水利枢纽工程竣工和长江三峡水利枢纽工程的建设，几千年来，人们对河流兴利除害，斗争不息。因此，河流也就成为水文学研究的对象了。

（一）河长

河流的长度是指河流自河源至河口沿河道主流线的自然弯曲长度，以公里计。河长通常是在水系地形图上用求线仪或卡尺丈量所得。河流一般划分为河源、上游、中游、下游、河口等五段。各个河段由于不同的地貌特征，故有它不同的特点，主要表现在河槽、比降、流速等方面。例如：长江发源于唐古拉山主峰各拉丹东雪山西南侧，源头为沱沱河；河源至湖北宜昌为上游段；宜昌到江西湖口为中游段；湖口到入海处为下游段；河口处有崇明岛，江水最后流入东海。长江干流的长度为6300km，是我国最长的河流，居世界第三位。

（二）河系

地表水与地下水可通过地面与地下途径，由高处流向低处，汇入小沟、小溪、最后汇成大小河流。河流分为支流与干流，构成脉络相通的泄水系统，称为河系，又叫水系或河网。直接流入海洋的河流称干流，汇入干流的河流称一级支流，汇入一级支流的支流称二级支流，以此类推。

1. 河系的几何形态

根据干支流的分布形态不同，河系的几何形态可分为：

（1）扇形水系。河流的干支流分布形如扇骨状，如海河。

（2）羽形水系。河流的干流由上而下沿途左右汇入多条支流，形如羽毛状，如红水河。

（3）平行水系。河流的干流在某一河岸平行接纳几条支流，如淮河。

（4）混合水系。一般大的江河多为以上二至三种水系组成，混合排列。

水系形状如图1-1所示。不同形状的河系，会产生不同的水情。

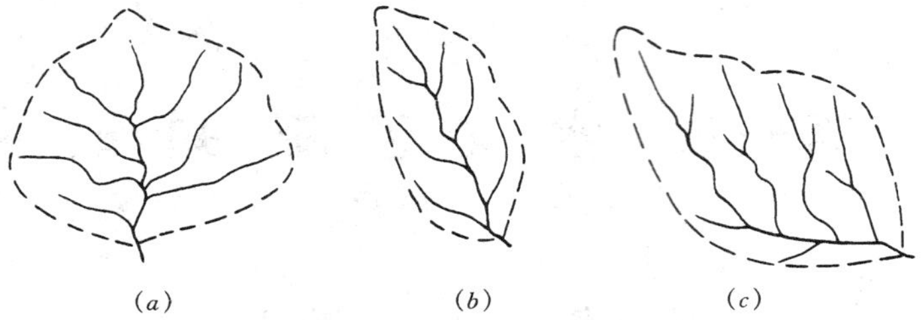

图 1-1　水系形状示意图

(a) 扇形；(b) 羽形；(c) 平行形

2. 河网密度

单位流域面积上的河流总长度称为河网密度，单位为 km/km^2。河网密度大，说明水系排泄水流能力强，汇流时间短，洪水涨落快，洪峰高。河网密度计算公式为

$$D=\frac{\sum_{i=1}^{n} l_i}{F} \tag{1-1}$$

式中　$\sum_{i=1}^{n} l_i$——流域内各干、支流长度的总和，km；

F——流域面积，km^2；

D——河网密度，km/km^2。

(三) 河床和河谷

两山之间狭长弯曲的洼地叫山谷，排泄水流的谷地叫河谷。由于地质构造和水流侵蚀的作用，河谷的横断面一般可分为峡谷、广宽河谷和台地河谷三种类型。谷底的过水部分称为河床或河槽。

河槽横断面是指与水流方向相垂直的断面，也称过水断面。当河水涨落变化时，则过水断面的形状和过水面积的大小也随着变化，如图 1-2 所示。

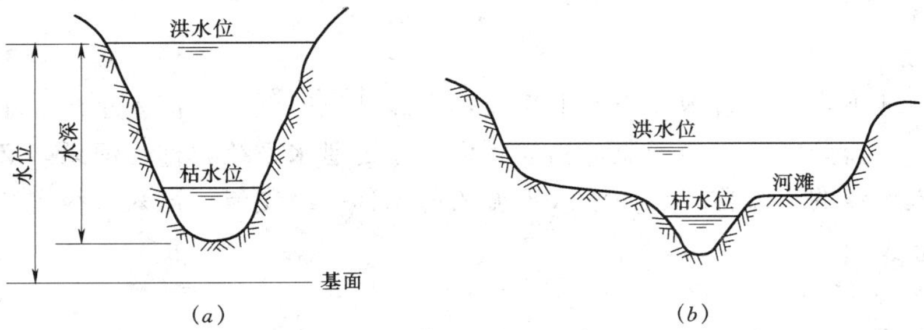

图 1-2　河槽横断面图

(a) 单式横断面；(b) 复式横断面

(四) 河流比降

(1) 河道水面比降。河流任一河段两断面的水面高差称为水面落差，而单位河长的水面落差就叫水面比降。比降通常用小数或千分数表示。

(2) 河道河底比降。河源与河口处的河底高差称为河流总落差，单位河长的河底落差

叫河道河底比降，又称河道纵比降。它的推求方法是将河道干流底部地形变化的转折点进行分段，如图 1－3 所示，并按下式计算河道平均纵比降。

$$\overline{J}=\frac{(Z_0+Z_1)l_1+(Z_1+Z_2)l_2+\cdots+(Z_{n-1}+Z_n)l_n-2Z_0L}{L^2} \quad (1-2)$$

式中 Z_0、Z_1、…、Z_n——自出口断面起，向上沿干流底部各转折点的高程，m；

l_1、l_2、…、l_n——干流底部各转折点间的距离，m；

L——河道全长，m；

$\overline{J}$——河道平均纵比降。

（3）河道平均纵比降。如图 1－3 中虚线所示。因此，若用图解法近似求河道平均纵比降时，可使图中多边形 $AGCB$ 与 $GDEH$ 的面积相等，即 $F_1=F_2$。A、H 两点的高差除以 L 即得河道平均纵比降。

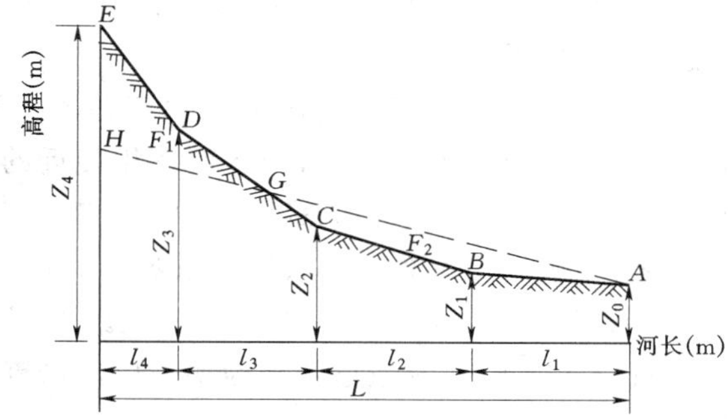

图 1－3 河道纵断面示意图

二、流域及其特征

流域是指河流某断面汇集地表水和地下水的区域。当不指明断面时，流域系对河口断面而言。流域的各种特征直接影响到河流的径流变化。

（一）流域的几何特征

1. 流域面积

流域的边界通常为山脊或高地岭脊的连线，它起着分水的作用，故称分水线，又叫分水岭。如我国秦岭以南的水流归入长江，以北的水流归入黄河，所以秦岭山脊的连线是长江和黄河的分水线。分水线除地面分水线外，还有地下分水线，如图 1－4 所示。当地面、地下分水线重合的流域称闭合流域，否则称为非闭合流域。

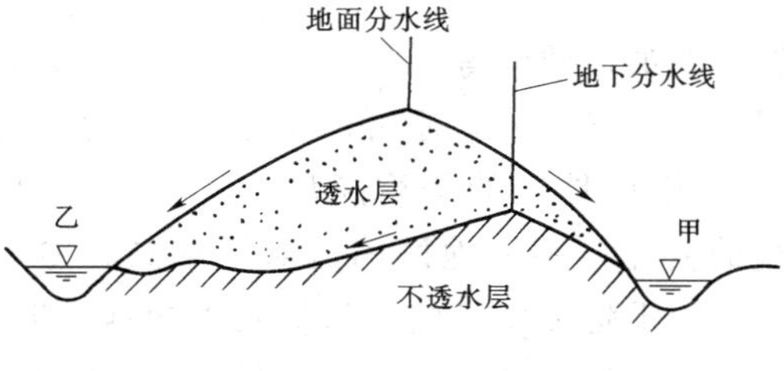

图 1－4 地面与地下分水线示意图

流域面积是指地面分水线所包围的面积，单位为 km^2。在实际工作中，由于地下分水线难以确定，常以地面分水线包围的面积为集水面积，也称流域面积。山区河流的分水线，由地形图按水系的分布，勾绘山脊的连线。平原河流的下游部分地面分水线在地形图上难以勾绘，需要通过实地勘查才能确定。当绘出地面分水线后，它所包围的面积可用求积仪或数方格的办法量出其面积的大小。流域面积大小是衡量河流大小的重要指标，在其它条件相同的情况下，流域面积的大小，决定河川径流的多少，所以一般河流的水量总是越往下游越丰富。

【例 1－1】 用数方格法求得某流域在图中的面积为 $100cm^2$，图的比例为 1∶100000，试求该流域的实际面积。

解： 图的比例 1∶100000 为长度比，计算时应将其换算为面积比，即 1^2 ∶ 100000^2，所以该流域实际面积为

$$F=100\times100000^2\ (cm^2)\ =100\times10^{10}\ (cm^2)\ =100\ (km^2)$$

2. 流域形状

流域形状可用流域形状系数描述，流域形状的不同，对河川径流的集中程度有着一定的影响。

(1) 流域长度。流域的几何中心轴长称流域长度，用符号 L 表示，单位为 km。流域轴线确定方法是以河口为圆心，采用不同半径划弧线与分水线相交，连接弧线与分水线相交的各条弦线。弦线的中点连线就是流域的几何中心轴长。当流域两岸分布较为对称时，则流域长度接近主河道长度。

(2) 流域平均宽度。流域平均宽度是流域面积与流域长度的比值，用符号 B 表示，即 $B=F/L$，单位为 km。若集水面积相接近的两个流域，L 越长，B 越窄。相反，L 越短，B 越宽。前者河川径流难以集中，后者河川径流易于汇集。

(3) 流域形状系数。流域形状系数是流域平均宽度与流域长度的比值，用符号 K 表示，即 $K=B/L$。K 是一个无因次系数。当 $K\approx1$ 时，流域形状则接近方形，则水流易于集中；$K<1$ 时，流域形状则为狭长形，水流难以集中；$K>1$ 时，流域形状则为扁形，水流也易于集中。

(二) 流域的自然地理特征

1. 流域的地理位置

流域的地理位置，可用流域的边界或流域中心的地理坐标经纬度表示。它间接反映了流域距离水汽源地的远近及与其它流域的关系。流域的地理位置不同，其降水，蒸发等水文要素均有差异，河川径流及变化过程也有区别。

2. 流域的气候条件

流域的气候条件包括降水、蒸发、温度、风等天气变化要素，它们对河川径流的变化有着直接的影响，其中尤以降水和蒸发的影响最大。

3. 流域的下垫面条件

流域的下垫面包括地形、地质、土壤、植被、湖泊、沼泽等。

(1) 流域的地形特性。流域的地形特性除用地形图描述外，还可以用流域平均高程和流域平均坡度来描述。流域平均高程指的是流域范围内地表的平均高程。流域高程的不同，影响到降水、气温的变化，从而影响到径流的变化，相同地区内流域平均高程愈高，年降水量愈大，年蒸发量愈小，年径流量愈大。流域平均坡度指的是流域范围内地表坡度的平均状况。流域坡度越陡，水流集中越快，地表径流比重越大，表土越易流失，河流泥沙越多。

(2) 流域的地质与土壤特性。流域内地质与土壤的特性，对下渗水量的多少以及河流含沙量的多少都有着直接的影响。如地质构造是风化的裂隙，将会增加下渗量，减少地面径流。土壤的物理性质，如沙土渗透性强，粘土渗透性弱，黄土易于冲刷等，以上这些因素都不同程度影响着河川径流的变化。

(3) 流域的植被。流域的植被覆盖程度可用植被率来表示，植被率是指流域内植被面

积占流域面积的百分数。植被能增加地面的糙率，延长地面汇流的时间，增加下渗和地下径流，故有涵养水源、减小洪水危害和保持水土的作用。1998 年长江特大洪水提醒人们，要从根源上减少洪水灾害，需在长江中、上游地区大规模退耕还林，提高长江流域的植被率。

(4) 流域的湖泊与沼泽。流域内湖泊与沼泽，对河川径流能起到调蓄作用，它可以延续洪水、增加枯水期径流量和水面蒸发量，对促进水文循环，改善气候条件起着积极作用。通常以湖泊、沼泽面积占流域面积的百分数（即湖泊、沼泽度）来比较对径流的影响程度。

(5) 人类活动的影响。人类在改造自然的活动中修建了不少水库、塘堰、梯田，以及造林、城市化等，明显改变了流域的下垫面条件，因而使径流发生变化，影响到水量与水质。因此人类活动对径流的影响是间接的，主要是通过下垫面的变化影响径流的时空分布。

第二节　降　　水

降水是指由空中降落到地面上的雨、雪、雹、霜等液态水和固态水的总称。它是水文循环和水量平衡的基本要素之一，是形成河川径流的先决条件。河流的水量来源于降水，其中主要来源于降雨和降雪。在我国的大部分地区影响径流变化的是降雨。

一、降雨的成因和类型

（一）降雨的成因

在水平方向上物理性质（温度、湿度等）比较均匀的大块空气叫气团。空中产生降雨的现象需要两个基本条件：一是空气中要有大量的水汽；二是空气上升运动的动力。当带有水汽的气团受某外力作用作上升运动时，由于气压减小，上升的空气体积膨胀，消耗内能，气温降低，使原来未饱和的空气不仅达到饱和状态，而且造成水汽凝结。当凝结物的体积越来越大，空气托浮不住时，便降落到地面而形成降雨。

（二）降水的类型

按空气向上抬升的原因不同，降雨可分为锋面雨、地形雨、对流雨和台风雨四种类型。

1. 锋面雨

当冷气团与暖气团相遇时，因两者的性质不同（冷气团的温度低、湿度小；暖气团的温度高、湿度大），在它们接触处所形成的不连续面称为锋面。锋面与地面的相交地带叫做锋。当冷气团势力强大主动向暖气团推进时，因冷空气较重而楔进暖气团下方，于是暖气团被迫作上升运动而形成的降雨称冷锋雨，如图 1－5（*a*）所示。冷锋雨一般强度大，历时短，雨区面积较小。当暖气团势力强大主动向冷气团推进时，暖气团将沿界面爬升于冷气团之上而形成的降雨称暖锋雨，如图 1－5（*b*）所示。暖锋雨的特点为雨区范围大、历时长。

2. 地形雨

当气团运行时遇到山脉高原的阻挡，被迫沿山坡作上升运动，由于动力冷却而成云致

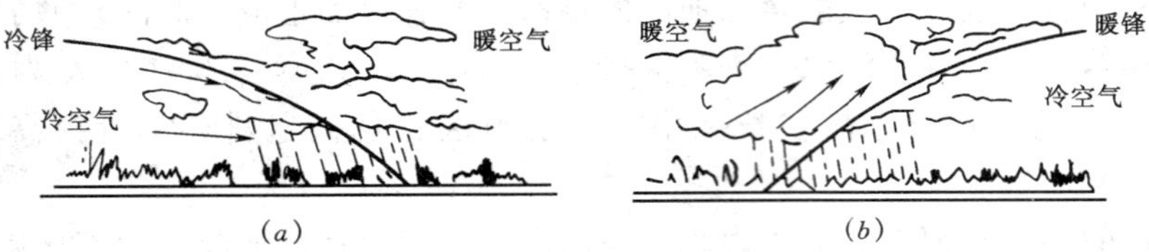

图 1-5　锋面雨示意图

(a) 冷锋雨；(b) 暖锋雨

雨，叫地形雨。地形雨一般随地形高程的增加而加大，其特点为降雨主要发生在迎风坡上。

3. 对流雨

在盛夏季节，局部地区被暖湿空气笼罩时，而产生强烈增温，影响大气稳定性，发生热力对流作用。四周地面空气向增湿中心辐合，暖湿空气向上抬升而冷却致雨。对流雨常出现在夏季的午后，其特点是雨区范围小、历时短。

4. 台风雨

台风为热带海洋的低气压涡旋，多发源于菲律宾群岛附近的洋面上，发生在我国东南沿海地区。台风雨是热带海洋面上的一团高温、高湿空气，作强烈的辐合上升运动形成动力冷却而产生的降雨。在台风经过之处，狂风暴雨随之而来，是种极易成灾的降雨。如1975年8月发生在河南省淮河上游林庄一带的一场特大暴雨就是台风雨，暴雨中心3日降雨量达1631.1mm，造成了我国历史上罕见的水灾。

我国气象部门按一日雨量大小，把降雨分为以下类型：10mm以下为小雨；10～25mm为中雨；25～50mm为大雨；50～100mm为暴雨；大于100mm为大暴雨；大于200mm为特大暴雨。

二、降雨的基本要素

降雨的性质和特征用降雨量、降雨历时和降雨时间、降雨强度、降雨面积四个基本要素表示。

1. 降雨量

降雨量为一定时段内降落在某一测点或某一流域面积上的水层深度，以mm表示。在标明降雨量时一定要指明时段。如次降雨量、日降雨量等。

2. 降雨历时和降雨时间

降雨历时是指一场降雨自始至终所经历的实际时间；降雨时间是根据需要人为划分的时段，如1h、3h、6h、12h、24h和1d、3d、5d等，用以计算各时段内的降雨量。降雨历时内的降雨是连续的；而降雨时间内的降雨可能是连续的，也可能是间歇的。

3. 降雨强度

指单位时间内的降雨量，以mm/min、mm/h计，简称雨强。

4. 降雨面积

指降雨笼罩的水平面积，以km^2计。

此外，降雨中心，降雨走向等降雨要素对流域的降雨洪水特性也有较大的影响。

三、降雨的表示方法

为了反映一次降雨在时间上的变化及空间上的分布，常用以下图示方法。

1. 降雨过程线

表示降雨随时间变化的过程线。常以时段雨量为纵坐标，时段时序为横坐标，采用柱状图形表示，如图 1-6（a）所示。至于时段的长短，可根据计算的需要选择，如 min、h、d、月等。

2. 累积降雨曲线

将各时段的雨量逐一累积，求出各累积时段的雨量值作为纵坐标，时间为横坐标，所绘制的曲线叫累积降雨曲线，如图 1-6（b）所示。

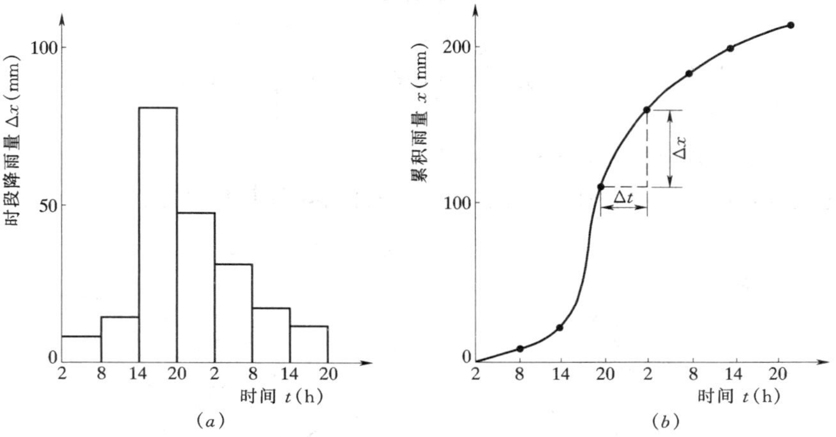

图 1-6　降雨过程线及累积降雨曲线

（a）降雨过程线；（b）累积降雨曲线

累积降雨曲线上某段的坡度，即为该时段的平均降雨强度。曲线坡度陡，降雨强度大；反之则小。若坡度等于零，说明该时段内没有降雨。

图 1-6 是根据某站实测的一场降雨记录绘制而成的，降雨记录见表 1-1。

表 1-1　　某站一场降雨记录表

时　间	日期	7月8日				7月9日		
	时	2～8	8～14	14～20	20～2	2～8	8～14	14～20
时段（$\Delta t=6$h）		1	2	3	4	5	6	7
时段降雨量 Δx（mm）		7.2	15.0	84.0	49.2	27.0	19.2	12.0
降雨强度$\bar{i}=\Delta x/\Delta t$（mm/h）		1.2	2.5	14.0	8.2	4.5	3.2	2.0
累积降雨量 x（mm）		7.2	22.2	106.2	155.4	182.4	201.6	213.6

3. 降雨量等值线

它表示某一地区的次降雨或一定时段的降雨量在地面上的分布情况。降雨量等值线图的制作与地形等高线的绘制相似。各雨量站采用同一时段的雨量，点绘在各测站的所在位置，并参考地形、气候特性而描绘的等值线即为降雨量等值线。雨量等值线图能够清楚地反映降雨在空间上的分布和降雨中心位置。某流域降雨量等值线，如图 1-7 所示。

四、流域平均降雨量的计算

流域内各个测站所观测的降雨量，只是代表各测站附近小范围的降雨情况，又称“点雨量”，点雨量不能反映降雨在流域内的分布。分析流域上降雨径流关系时，需要考虑全流域的降雨情况，因此需要计算流域面积上特定时段内的平均降雨量，又叫面雨量。下面介绍几种常用的计算方法。

1. 算术平均法

本法是取同一时段内流域各雨量站观测的降雨量的算术平均值作为流域的平均降雨量。该法适用于流域内雨量站分布较均匀，且流域地形起伏不大的情况。其计算公式为

$$\bar{x}=\frac{x_1+x_2+\cdots+x_n}{n}=\frac{1}{n}\sum_{i=1}^{n}x_i \tag{1-3}$$

式中 x_i——流域内第 i 站的降雨量（$i=1, 2, \cdots, n$），mm；

n——雨量站数目；

$\bar{x}$——流域平均降雨量，mm。

该法的优点是计算简单，如不能满足上述条件时，计算精度差。

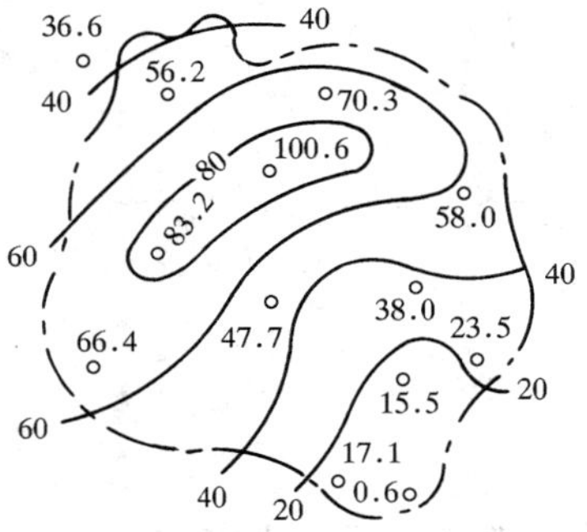

图 1-7　降雨量等值线图

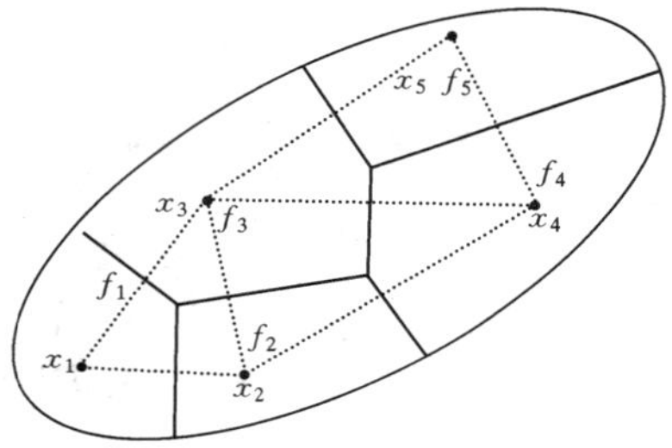

图 1-8　泰森多边形图

2. 泰森多边形法

泰森多边形法的具体做法是：将流域地形图上的各相邻雨量站用直线连接构成三角形网络，然后在三角形的每条边上作垂直平分线，这些垂直平分线将流域分成若干个多边形，如图 1-8 所示，每个多边形内均有一雨量站，并假定该雨量站的雨量就代表这块多边形内的降雨量，其流域平均降雨量计算公式为

$$\bar{x}=\frac{f_1x_1+f_2x_2+\cdots+f_nx_n}{F}=\sum_{i=1}^{n}\frac{f_i}{F}x_i \tag{1-4}$$

式中 f_i——第 i 站所控制的多边形的面积，km^2；

F——流域总面积，即 $\sum_{i=1}^{n}f_i$，km^2；

$\frac{f_i}{F}$——第 i 个雨量站所控制的流域面积权重。

该法适用于降雨分布不均匀或雨量站设置不均匀的情况，实际工作中常用此法。

3. 等雨量线法

等雨量线法也是用面积作为权重计算面雨量的一种方法。当流域内有足够的测站和合理的分布，并能勾绘出符合实际的等雨量线，才可用等雨量线法来计算流域平均降雨量。其计算公式为

$$\bar{x}=\frac{\frac{1}{2}(x_1+x_2)f_1+\frac{1}{2}(x_2+x_3)f_2+\cdots+\frac{1}{2}(x_n+x_{n+1})f_n}{F}=\frac{1}{F}\sum_{i=1}^{n}\bar{x}_i f_i \tag{1-5}$$

式中 f_i——相邻两条等雨量线间的部分流域面积，km^2；

$\bar{x}_i$——f_i 面积上雨量的算术平均值，mm。

该法精度较高，但要求雨量站多，且每次降雨都要绘制等雨量线图，工作量大。

【例 1-2】 某流域内设有五个雨量站，如图 1-8 所示。某日各站的降雨量观测值分别为：28.0mm、32.0mm、30.0mm、42.0mm、46.0mm，各雨量站控制面积分别为：$20km^2$、$25km^2$、$30km^2$、$30km^2$、$27km^2$。试用算术平均法和泰森多边形法计算流域平均降雨量。

解：算术平均法：

$$\bar{x}=\frac{1}{n}\sum_{i=1}^{n}x_i=\frac{1}{5}(28+32+30+42+46)=35.6\ (mm)$$

泰森多边形法：

$$F=\sum_{i=1}^{n}f_i=20+25+30+30+27=132\ (km^2)$$

$$\bar{x}=\sum_{i=1}^{n}\frac{f_i}{F}x_i=\frac{1}{132}(20\times 28+25\times 32+30\times 30+30\times 42+27\times 46)=36.1\ (mm)$$

第三节 蒸发与下渗

一、蒸发

蒸发是指水由液态或固态转化为气态的物理变化过程，是水分子运动的结果。它是水文循环和水量平衡的基本要素之一，对径流形成来说蒸发是一种损失。一个流域蒸发包括水面蒸发、土壤蒸发和植物散发。

1. 水面蒸发

水面蒸发是指发生在江河、水库、湖泊、沼泽等水体表面上的蒸发现象。影响水面蒸发的主要因素有气温、湿度、风速等气象要素。

2. 土壤蒸发

土壤蒸发是指水分从土壤中逸出的过程，也是土壤失去水分、干化的过程。土壤蒸发除受气象因素影响外，还受地下水位、土壤含水量、土壤结构、土壤色泽等因素影响。单位时间的土壤蒸发量称蒸发率。在一定的气象条件下，土壤充分供水时的蒸发率称土壤的蒸发能力。湿润土壤蒸发大体上可分三个阶段：第一阶段，土壤充分供水，土壤按蒸发能力蒸发，此时气象条件是影响土壤蒸发的主要因素；第二阶段，当土壤含水量降至田间持

水量以下时，土壤蒸发随土壤含水量的减少而减少；第三阶段，土壤蒸发的数量小而稳定，与气象因素和土壤含水量的关系已不密切。

3. 植物散发

植物散发是指植物从土壤中吸取水分，通过植物叶面气孔向大气中散发水分的过程。植物散发是在土壤—植物—大气之间发生的现象，因此植物散发不仅受气象因素和土壤因素的影响，还受植物生理条件的影响。不同的植物散发量不同；同一植物不同生长阶段散发量也不同。

流域总蒸发量为水面蒸发、土壤蒸发、植物散发之和。其估算有两个途径：一是对流域内的各单项蒸发分别进行研究，然后进行组合而得，目前这样做还很困难；另一途径是把流域当成一个整体进行研究，用水量平衡法或经验公式法，求得流域的总蒸发量。实际工作中，基本上采用后一途径。

二、下渗

下渗是指水分从土壤表面渗入到土壤中的现象，又称为入渗。作为降雨径流形成过程中的一项重要因素，下渗不仅直接影响到地面径流量的大小，也影响到土壤含水量及地下径流量的消长。

1. 下渗的物理过程

下渗是水分在土壤中寻求平衡的过程，引起下渗运动的作用力有分子力、毛管力及重力。重力作用总是向下的，毛管力则没有一定的方向，它的趋势是使水分向孔隙细小的地方运动。当雨水降落在十分干燥土壤表层后，初期渗入土壤的水分受土粒分子力作用吸附于土粒表面，称为吸着水；在剩余分子力的作用下，土粒继续吸持水分，并形成一层薄膜，称为薄膜水；当薄膜水的厚度达到最大，分子力基本消失。随后毛管力对继续下渗的水分起主导作用，受毛管力作用的水分称毛管水，当土壤中的毛管被水全部充满，土壤中毛管水达到最大，这时土壤含水量称为田间持水量。此后毛管力作用减弱，孔隙中产生自由水，受重力作用，沿孔隙向下运动。如地下水埋藏不深，重力水可能渗过整个包气带，补充地下水，则形成地下径流。

2. 下渗的变化规律

下渗量的大小可用下渗总量或下渗率（亦称下渗强度）表示。下渗总量是指一定时段内下渗到土壤的水深，下渗率是指单位时间内的下渗量。在充分供水条件下的下渗率叫下渗能力。由下渗的物理过程可知，在充分供水条件下，开始时因土壤表层十分干燥，水分主要在分子力的作用下迅速被表层土壤所吸收，此时下渗率最大。随着下渗的继续和土壤水分的增加，分子力和毛管力逐渐减弱，下渗率也随之递减。当土壤水分达到田间持水量以后，水分主要在重力作用下下渗，下渗率也逐渐趋于稳定，接近为常数。下渗是一个极为复杂的过程，不同的土壤，或同类土壤不同水分条件下，其下渗过程都不相同。下渗的变化规律常用下渗曲线表示，如图 1-9 所示。

上述下渗变化规律，可用数学公式表示。如常用的霍顿公式为

$$f_t=(f_0-f_c)e^{-\beta t}+f_c \qquad (1-6)$$

式中　f_0——初始（$t=0$）下渗率，mm/h；

　　　f_c——稳定下渗率，mm/h；

β——反映土壤特性的指数；

f_t——t 时间的下渗率，mm/h。

霍顿公式认为，土壤的下渗过程符合指数递减的规律。

三、流域蓄水量

降雨开始时流域土壤的干湿程度，对此次降雨产生径流的大小影响极大，因此，在流域径流计算时必须要考虑这一因素。流域的干湿程度常用流域蓄水量或前期影响雨量表示。

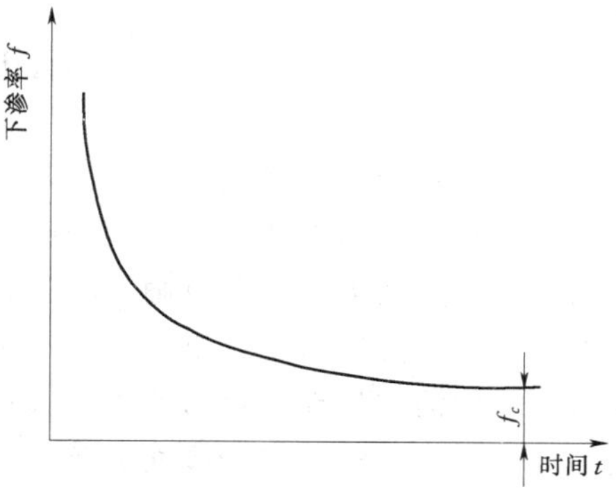

图 1-9　下渗曲线示意图

1. 流域蓄水量

流域蓄水量是指在流域影响土层内土壤含蓄的不包括重力水在内的所有水分，常用 W 表示。它是土壤能够保持而不在重力作用下流走的水分，也是雨后消耗于土壤蒸发和植物散发的水分。它不能形成径流，所以是真正意义上的损失。当降雨一定时，雨前流域蓄水量大，降雨损失小，径流大；反之，雨前流域蓄水量小，降雨损失大，径流小。在天然情况下，流域蓄水量有两种极限情况：一种是久旱不雨，土壤十分干燥，此时的蓄水量可以认为是零；另一种是土壤含水量达到田间持水量，此时的蓄水量为最大，一般称为蓄水容量，流域内各点的蓄水容量是不同的，全流域各点蓄水容量的平均值称为流域蓄水容量（W_m）。显然，当 $W=0$ 时，一次降雨可能发生的最大损失量就是把它蓄满，一般称它为流域最大损失或最大初损（I_m）。因此人们常利用这一概念来表示流域蓄水容量。

我国各省（区）《水文图集》（手册）上都有流域最大损失的分析成果，以供生产上使用。流域实际蓄水量是在 $0\sim I_m$ 之间变化的，降雨补充使其增加，蒸发损失使其减少。

2. 前期影响雨量

前期影响雨量是流域土壤含水量的另一种表示形式，其含义是将某次降雨之前所下的雨，作为该次降雨产生径流的影响指标，用 P_a 表示。实际上，整个流域上的蓄水量无法实测，但可以用前期降雨来间接地表示流域的干湿程度。P_a 大，流域湿润，降雨的损失小，径流大；反之，P_a 小，流域干燥，降雨的损失大，径流小。前期影响雨量的计算公式为

$$P_{a,t+1}=K(P_{a,t}+x_t) \tag{1-7}$$

式中　x_t——第 t 天的流域降雨量，mm；

K——流域蓄水的日消退系数，$K=1-E_m/I_m$，E_m 为流域蒸发能力；

$P_{a,t}$——第 t 天开始时刻的前期影响雨量，mm；

$P_{a,t+1}$——第 $t+1$ 天开始时刻的前期影响雨量，mm。

用式（1-7）计算逐日的前期影响雨量时，要注意两个边界条件：第一，计算的起始日期，可从前期连续无雨或连续大暴雨的某日算起，前者取 $P_a=0$，后者取 $P_a=I_m$；第二，当计算出 $P_a>I_m$ 时，取 $P_a=I_m$。

第四节 径　　流

一、河川径流的形成

河川径流是指降落在流域表面的降水，途经地面及地下流入河川，流出流域出口断面的水量。河川径流的水源有雨水补给，冰雪融水补给，地下水补给与人工补给等，我国秦岭以南以雨水补给为主。以雨水补给为主的河川径流受季节影响，在年内径流季节性变化剧烈。汛期河水暴涨，容易泛滥成灾；枯水期水量小，水源又感不足。以冰雪融水补给为主的河川径流随气温的升降而涨落。洪水期发生在暖季，枯水期发生在冬季。

雨水降落在流域表面上，满足流域蓄渗后，从流域地面和地下向流域出口断面汇集形成断面流量的整个过程，称为径流形成过程。径流形成是一个极为复杂的过程，为了便于分析研究，人为地将径流形成过程概括为产流过程和汇流过程两个阶段，如图1-10所示。

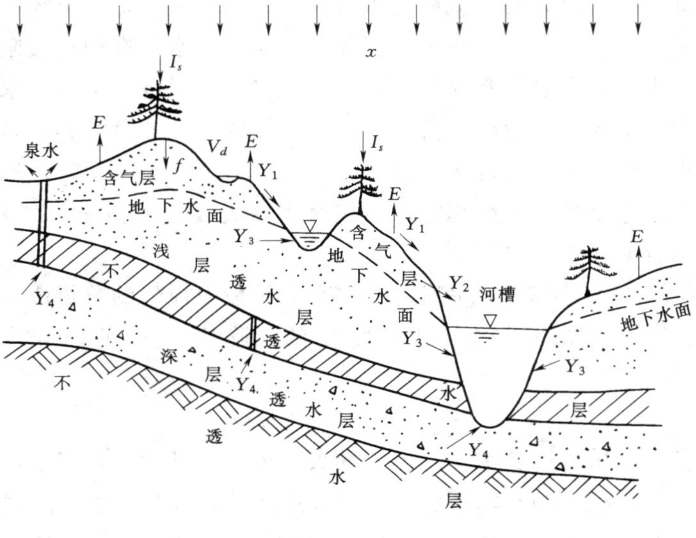

图1-10　径流形成过程示意图

1. 产流过程

当流域上发生降雨后，降落到河槽水面上的雨水就直接形成径流，其水量相对较小。而降落到流域坡面上的雨水，首先要被植物枝叶截留一部分，称为植物截留量（I_s），到雨后被蒸发掉。降雨满足植物截留后便落到地面上，开始下渗填充土壤空隙，当降雨强度超过土壤的下渗能力时便在地面上形成沿坡面流动的水流，在流动过程中有一部分水量要流到低洼的地方，并滞留其中，称为填洼量（V_d）。还有一部分将以坡面漫流的形式流入河槽形成径流，称为地面径流（Y_1）。下渗到土壤中的雨水，按照下渗规律，先补充表层土壤的缺水量，使其饱和，然后继续向深层下渗，由于流域土壤一般上层较疏松，下渗能力强，下层结构紧密，下渗能力弱，这样便在表层土壤空隙中形成一定的水流注入河槽，这部分径流称为壤中流（Y_2）。由于壤中流和地面径流往往穿叉流动，难以划分，故在水文分析中常把它并入到地面径流。若降雨时间较长，继续下渗的雨水如果到达地下水位，便补充地下水，然后缓慢地渗入河槽，这部分径流称为浅层地下径流（Y_3）。另外，在流出流域出口断面的径流中，还有与本次降雨无关，来源于流域深层地下水的径流，它比浅层地下径流更稳定，通常称为基流（Y_4）。

综上所述，由一次降雨形成的径流包括地面径流、壤中流和浅层地下径流三部分，总称为径流量，也称产流量或净雨量。降雨量与径流量之差称为损失量。它主要包括储存于土壤空隙间的下渗量、植物截留量、填洼量和雨间蒸发量等。可见，流域的产流过程就是流域上的降雨扣除损失，产生各种径流的过程。

流域特征不同，其产流机制也不同。干旱地区植被差，包气带厚，表土渗透性差，流域的降雨强度常大于其下渗能力而形成超渗雨，超渗雨形成超渗地面径流，这种产流方式称为超渗产流。而对于植被好，流域透水性强，地下水位高的湿润地区，降水强度很难超过下渗能力，其产流量大小取决于流域的前期蓄水量，与雨强关系不大。如果降雨入渗水量超过流域缺水量，流域“蓄满”开始产流，这种产流方式称为蓄满产流。超渗产流和蓄满产流是两种基本的产流方式，两者在一定条件下可以相互转化。

2. 汇流过程

降雨经流域产流过程形成的各种径流汇入河网，通过河网由上游到下游，从支流到干流，最后全部径流流出流域出口断面，此过程称流域汇流过程。一般将流域汇流分为坡面漫流和河网汇流两个阶段。坡面漫流是降雨产生的各种径流由坡面、饱和土壤空隙及地下水分别注入河网，引起河槽中水量增大、水位上涨的过程。由于不同成分的径流所流经的路线不同，各自的汇流速度也就不同。地表径流最快，壤中流次之，地下径流最慢。所以地面径流的汇入是河流涨水的主要原因。汇入河网中水流，沿河槽继续下泄，便是河网汇流过程。在这个过程中，涨水时河槽可暂时滞蓄一部分水量而对水流起调节作用。当坡面漫流停止时，河网蓄水往往达到最大，此后则逐渐消退，河水还原到雨前的状态。这便形成了流域出口断面的一次洪水过程。

一次降雨过程，经植物截流、填洼、下渗和蒸发等损失，进入河网形成径流的水量自然比降雨总量小，而且经过流域产、汇流过程对降雨的两次调节作用，使径流过程变缓，历时增长，时间滞后。这是造成降雨过程和相应径流过程之间差别的根本原因。

二、径流的表示方法和度量单位

在分析计算径流时，为了表示径流量的大小以及对不同地区河川径流的比较，常用以下单位表示。

1. 流量

流量是指单位时间内通过某一过水断面的水量，用 Q 表示，单位为 m^3/s。流量随时间的变化过程，可用流量过程线表示，如图 1-11 所示。

流量过程线上任一点流量为相应时刻的瞬时流量。由于计算时段的不同，还有日平均、月平均以及年平均流量之分。

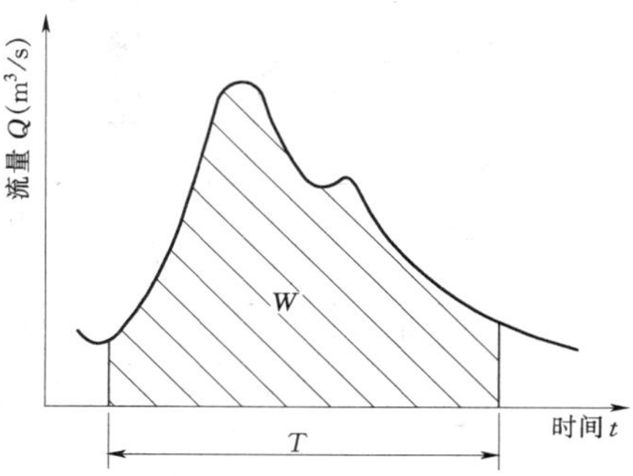

图 1-11　流量过程线示意图

2. 径流量

径流量是指某一历时 T 内通过某一过水断面的总水量，用 W 表示，单位为 m^3。有时也用时段平均流量与对应历时的乘积表示径流量的单位，如（m^3/s）·月等。流量过程线与横坐标所包围的面积，即为径流量（W）。径流量与平均流量的关系为

$$W = QT \tag{1-8}$$

式中 Q——时段平均流量，m^3/s；

T——计算时段，s。

一次洪水的径流量称为次洪量。次洪量是次洪水过程线所包围的面积，如图 1-11 所示。次洪量的计算常采用小梯形面积法。计算公式为

$$W = \sum_{i=1}^{n} \frac{Q_i + Q_{i+1}}{2} \Delta t \tag{1-9}$$

式中 Q_i、Q_{i+1}——洪水过程线上时段初和时段末的流量，m^3/s；

Δt——计算时段，s。

3. 径流深

径流深是指某一时段内的径流总量平铺在流域面积上所得的水层深度，用 y 表示，单位为 mm。若时段径流量为 W（m^3），流域面积 F（km^2），则径流深 y（mm）的计算公式为

$$y = \frac{W}{1000F} \tag{1-10}$$

【例 1-3】 某流域面积 $F=145km^2$，1998 年 6 月 28 日的一场暴雨所形成的流量过程列在表 1-2 中的第②栏内，求该次洪水的径流深。

解：计算步骤如下：

（1）计算各时段的平均流量，将结果列入表中第③栏。

表 1-2　"98.6.28" 洪水径流深计算表

时间		流量 (m^3/s)	平均流量 (m^3/s)	历时 (h)	时段径流量 [(m^3/s)·h]
月.日	时				
①		②	③	④	⑤
6.28	2	10.0	35	6	210
	8	60.0	132	6	792
	14	204	295	2	590
	16	386	308	2	616
	18	230	209	2	418
	20	188	157	6	942
6.29	2	126	99	6	594
	8	72.0	48	6	288
	14	24.0	20.5	6	123
	20	17.0			
合计					4573

（2）计算历时及各时段的径流量 $\overline{Q}\Delta t$，将结果分别列入表中的第④、⑤栏。

（3）计算径流总量。

$$W = \sum \overline{Q}\Delta t = 4573[(m^3/s) \cdot h]$$
$$= 4573 \times 3600(m^3) = 1.646 \times 10^7 \ (m^3)$$

（4）计算径流深。

$$y = \frac{W}{1000F} = \frac{1.646 \times 10^7}{1000 \times 145} = 113.5 \ (mm)$$

4. 径流模数

径流模数是指流域出口断面的流量与流域面积的比值，用 M 表示，单位为 L/（s·km²）。计算公式为

$$M = \frac{1000Q}{F} \tag{1-11}$$

径流模数随着对 Q 赋予的意义不同而不同。如多年平均流量，则称为多年平均径流模数。径流模数反映流域的产水能力。

5. 径流系数

径流系数是指时段内的径流深（y）与形成这一径流深的流域平均降雨量（x）的比值，用 α 表示，无量纲。计算公式为

$$\alpha = \frac{y}{x} \tag{1-12}$$

α 表示降雨转化为径流的比例，因 $y < x$，故 $\alpha < 1.0$。

三、流域的水量平衡

在自然界的水循环中，河川径流的变化是十分复杂的，但无论其怎样变化，在量上都遵循质量守恒定律。也就是说，对任一区域，任一时段，来水量与出水量之差等于区域内蓄水量的变化，即水量平衡。

1. 通用水量平衡方程

任取一区域，沿此区域的边界取出一个底部无水量交换的柱体为对象来研究，在一定时段内，进入此柱体的水量有：降雨量 x，地面径流流入量 $y_{s,1}$、地下径流流入量 $y_{g,1}$ 及时段初的蓄水量 W_1。流出此柱体的水量有：蒸发量 E、地面径流流出量 $y_{s,2}$、地下径流流出量 $y_{g,2}$、用水量 q 以及时段末的蓄水量 W_2。

根据水量平衡原理，可得出任一时段的水量平衡方程为

$$x + y_{s,1} + y_{g,1} + W_1 = E + y_{s,2} + y_{g,2} + q + W_2 \tag{1-13}$$

2. 流域水量平衡方程

如果研究对象为流域，区域的边界为地面分水线，$y_{s,1} = 0$，令 $W_2 - W_1 = \Delta W$ 代表流域蓄水变量，当 $W_2 > W_1$ 时，ΔW 为正，表示流域蓄水量增加；当 $W_2 < W_1$ 时，ΔW 为负，表示流域蓄水量减少，则非闭合流域水量平衡方程为

$$x + y_{g,1} = E + y_{s,2} + y_{g,2} + q + \Delta W \tag{1-14}$$

对闭合流域，地面地下分水线重合，故地下径流流入量 $y_{g,1} = 0$。流域出口的河道下切较深时，地下径流经流域出口断面流出，$y_{g,2}$ 可归入 $y_{s,2}$，令 $y = y_{s,2} + y_{g,2}$。若用水量

不计，$q=0$。则闭合流域的水量平衡方程为

$$x=E+y+\Delta W \tag{1-15}$$

对多年平均情况而言，上式中蓄水量 ΔW 有正有负，故 $\sum \Delta W/n$ 接近零，则闭合流域多年平均水量平衡方程为

$$\overline{x}=\overline{y}+\overline{E} \tag{1-16}$$

式中 $\overline{x}$、$\overline{y}$、$\overline{E}$——多年平均年降雨量、年径流深和年蒸发量。

【例 1-4】 某流域多年平均流量 $\overline{Q}=1.50\text{m}^3/\text{s}$，流域面积 $F=100\text{km}^2$，流域多年平均年降雨量 $\overline{x}=815.0\text{mm}$，试计算该流域多年平均年径流量 $\overline{W}$、年径流深 $\overline{y}$、年径流模数 $\overline{M}$、年径流系数 $\overline{\alpha}$ 及年蒸发量 $\overline{E}$。

解： 一年的时间为 $T=365\times24\times3600=31.54\times10^6$（s）；

多年平均年径流量 $\overline{W}=\overline{Q}T=1.50\times31.54\times10^6=4.73\times10^7$（$\text{m}^3$）；

多年平均年径流深 $\overline{y}=\dfrac{\overline{W}}{1000F}=\dfrac{4.73\times10^7}{1000\times100}=473.0$（mm）；

多年平均年径流模数 $\overline{M}=\dfrac{1000\overline{Q}}{F}=\dfrac{1000\times1.50}{100}=15.0$ [L/（s·km^2）]；

多年平均年径流系数 $\overline{\alpha}=\dfrac{\overline{y}}{\overline{x}}=\dfrac{473.0}{815.0}=0.58$；

将该流域近似看做闭合流域，则

多年平均年蒸发量 $\overline{E}=\overline{x}-\overline{y}=815.0-473.0=342.0$（mm）。

思考题与练习题

1. 找到一个小流域地形图，勾绘某断面以上的流域分水线，并量算集水面积、主河道长度、主河道比降、河网密度和流域形状系数。

2. 如题图 1-1 所示有 A、B 两测站所测得的洪水过程线。如果除下面指定的对比条件外，其它所有因素相同，那么：

(1) 哪一个流域的流域坡度大？

(2) 哪一个流域的植被多？

(3) 哪一个流域的河网密度大？

(4) 哪一个流域的暴雨中心离流域出口近？

(5) 哪一个流域的雨强大？

(6) 哪一个流域为蓄满产流？

(7) 能想象出它们的流域形状、水系的类型吗？

3. 试定性分析流域上过度砍伐树木和围湖造田对河川径流的影响。

4. 降雨的类型及各自特点是什么？如何由降雨资料分析降雨特性？

5. 土壤蒸发和土壤下渗各自的主要影响因素是什么？

6. 流域的降水、蒸发、下渗和土壤含水量相互关系如何？它们在径流形成过程中所

起的作用是什么？

7. 流域上一次降雨过程和出口断面相应的流量过程有何不同，为什么？

8. 什么叫蓄满产流和超渗产流？它们的主要影响因素和径流成分有什么不同？判别蓄满产流和超渗产流的主要依据是什么？

9. 某流域可概化成正方形，流域内对称分布四个雨量站，一次降雨各站测得的雨量如题图 1－2 所示。

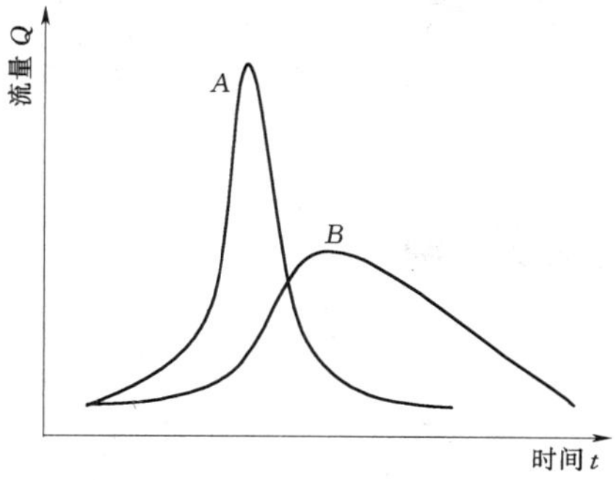

题图 1－1　A、B 两站的洪水过程线示意图

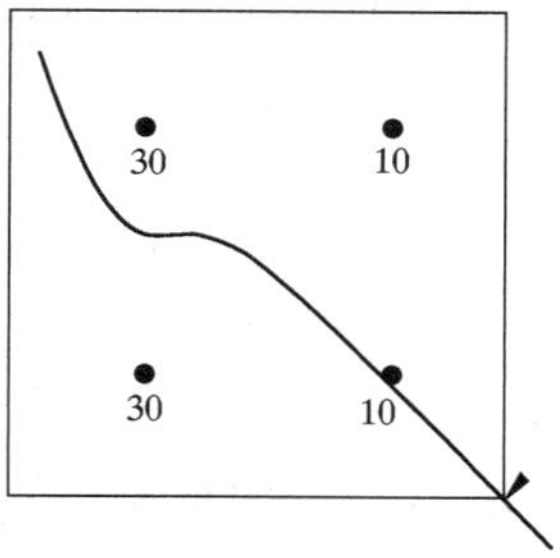

题图 1－2　某流域雨量站分布图

（1）分别用算术平均法、泰森多边形法和等雨量线法计算该流域的平均雨量；（参考答案：均为 20mm）

（2）通过此例得出什么结论？

10. 某闭合流域的集水面积 $F=105\text{km}^2$，流域多年平均降雨量 $\overline{x}=1500\text{mm}$，出口断面的多年平均流量 $\overline{Q}=3.00\text{m}^3/\text{s}$，试求多年平均 $\overline{W}$、$\overline{y}$、$\overline{E}$、$\overline{M}$、$\overline{\alpha}$ 各为多少？

［参考答案：$\overline{W}$、$\overline{y}$、$\overline{E}$、$\overline{M}$、$\overline{\alpha}$ 分别为：$9.45\times10^7\text{m}^3$、900mm、600mm、28.6L/(s·km²)、0.6］

11. 某流域面积为 250km^2，1999 年 7 月 5 日发生一次暴雨洪水，测得流域出口断面的洪水过程如题表 1－1 所示，试绘制该次洪水的洪水过程线，并计算次洪量和径流深。

（参考答案：径流量和径流深分别为 $2.70\times10^7\text{m}^3$、108.2mm）

题表 1－1　　某流域实测洪水过程线表

日　期	5 日				6 日				7 日				8 日	
时刻（h）	6	12	18	24	6	12	18	24	6	12	18	24	6	12
Q（m^3/s）	10.0	48.0	160	240	220	178	136	98.0	68.0	40.0	18.0	14.0	12.0	10.0

第二章　水文资料的收集

水文资料是水文分析计算的基础。通过对水文资料的分析，可以揭示出水文现象的变化规律，并利用这些规律为水利水电工程的规划设计和管理运用提供水文依据。因此，水文资料的收集是水文分析计算不可缺少的重要环节。

第一节　水文测站与水文站网

一、水文测站

反映河流水文特性的水文资料包括水位、流量、泥沙、水质、冰凌、降水、蒸发、水温等，我们常将它们称作水文要素，水文要素受气候因素、自然地理因素和人类活动的影响，存在着时间上和空间上的变化。要分析水文现象的变化过程，为国民经济建设服务，就需要在河流上指定地点（断面）设立水文测站，对各项水文要素进行长期的观测。

水文测站简称水文站，是进行水文要素观测、开展水文服务的基层单位，也是直接收集水文资料的基本场所。

根据测站的性质和作用，水文测站可分为基本站、专用站和实验站。

基本站按其观测的主要项目的不同，又可分为流量站、水位站、雨量站、泥沙站等。

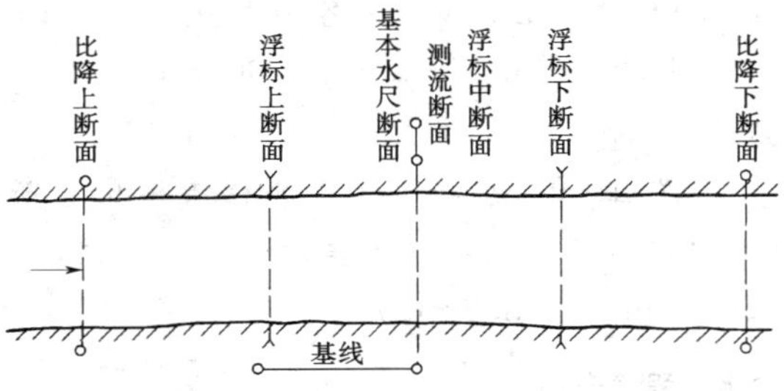

图 2－1　水文站各种断面布置图

水文站的基本设施一般分为两部分。一部分是岸边设施，如降水、蒸发观测场、水准点、基线、观测房等；另一部分是河道设施，主要是各种测验断面，包括基本水尺断面、流速仪测流断面、浮标测流断面和比降断面等。浮标测流断面包括上、中、下三个断面，浮标中断面、流速仪测流断面和基本水尺断面尽可能重合。比降断面有上、下两个断面，应布设在基本水尺断面的上下游，其间距应视河道水面比降大小，参考水文测验有关规范确定。各种断面的相对位置如图 2－1 所示。

二、水文站网

水文站网就是在给定的水文区域内，由一定数量的水文测站组成的相互联系的地理上的分布网络。单个水文测站观测到的水文资料，只能代表站址处的水文情况。在流域内的一些适当地点设站观测，对所得水文资料进行整理分析，就可以内插出任何地点的水文要素的特征值，这就是水文站网的作用。以最少的站数达到上述目的，就是站网规划的任务。

站网布设后可以把测站有机的联系起来，使测站发挥出比孤立存在时更大的作用。站网建成后并不是一成不变的，而是应当根据经济发展的需要和测站的实际作用不断加以补充和调整，以满足经济建设和科学研究对水文资料的需要。

第二节　水文要素的直接观测

一、降雨与蒸发的观测

（一）降雨的观测

我国大部分地区的降水以降雨为主，观测降雨量的常用仪器为 20cm 口径的雨量器和自记雨量计。雨量器（或称雨量筒）如图 2-2 所示。雨量器上部的漏斗口，内径 20cm，其下部为储水瓶，用以收集雨水。降雨量用特制量杯测定，每一小格水量相当于 0.1mm 降水量，每一大格水量相当于降水量 1.0mm。用雨量器观测降雨量的方法一般是采用分段定时观测，即将一天分成几个等长度的时段，并按北京标准时间以 8 时作为日分界点。如四段制（每段 6h）、八段制（每段 3h）等。

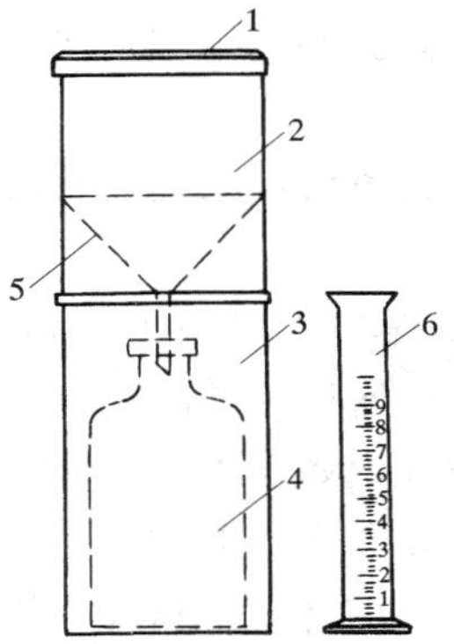

图 2-2　雨量器示意图

1—器口；2—盛雨器；3—雨量筒；4—储水瓶；5—漏斗；6—雨量杯

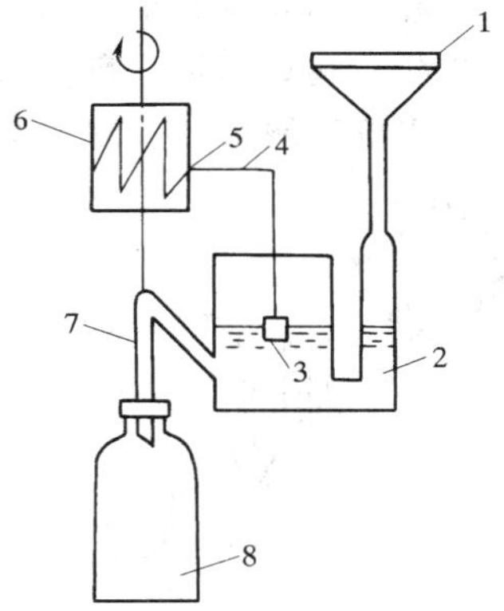

图 2-3　虹吸式雨量计结构示意图

1—漏斗；2—浮子室；3—浮子；4—连杆；5—自记笔；6—自记钟；7—虹吸管；8—储水瓶

自记雨量计有虹吸式雨量计、翻斗式雨量计等。如图 2-3 所示的是虹吸式雨量计。其工作原理是：雨水由盛雨器进入浮子室后，浮子就随水面上升，推动自记笔在自记钟外围的记录纸上作出雨量记录。当浮子室内盛满雨水时，将自动发生虹吸，浮子室的雨水自虹吸管泄入储水瓶，同时自记笔迅速下降到最低点。然后，随着浮子室中的雨水的继续流入，自记笔又重新升高。如此周而复始直至降水结束，降雨过程便在自记纸上绘出。

对观测到的降水资料应进行整理，按规范要求编制逐日降水量表、汛期降水量摘录表、统计各种时段最大降水量等。

（二）蒸发的观测

蒸发有水面蒸发和陆面蒸发之分。陆面蒸发包括土壤蒸发和植物散发，其观测难度较大，常用水量平衡法或经验公式法间接估算。水文站观测的通常是水面蒸发。

水面蒸发的观测，目前水利部门常用仪器有E—601型蒸发器、口径为80cm的带套盆蒸发器和口径20cm的蒸发皿三种。

蒸发的观测每日早8时进行一次，测得的数值为前一日的蒸发量。用蒸发器和蒸发皿观测到的蒸发量与天然水体水面蒸发量有差别，观测值应乘一折算系数，才能作为天然水体水面蒸发量的估算值。折算系数一般通过与大型蒸发池（如面积为$100m^2$）的对比观测资料确定，在实际工作中，应根据当地的资料分析采用。

蒸发资料的整理，是指对观测值进行日、月、年蒸发量的计算，并对有关特征值进行统计。在使用蒸发资料时，一定要注意蒸发器的型号，以便选择合适的折算系数。

二、水位的观测与计算

水位是指江河、渠道、水库、湖泊等水体的水面高程，单位为m，计至两位小数。

（一）水位的观测

水位的起算零点高程处，称为基面。以平均海平面作起算零点的基面，称为绝对基面；以任一高程作起算零点的基面，称为相对基面或假定基面。例如，我国以青岛验潮站的黄海平均海平面为各水系的绝对基面。

常用的水位观测设备有水尺和自记水位计两种。水尺按形式的不同可分为直立式、倾斜式、矮桩式和悬锤式四种。自记水位计的形式有就地记录式和远传记录式两种。目前水文站人工观测水位普遍采用直立式水尺，如图2-4所示。

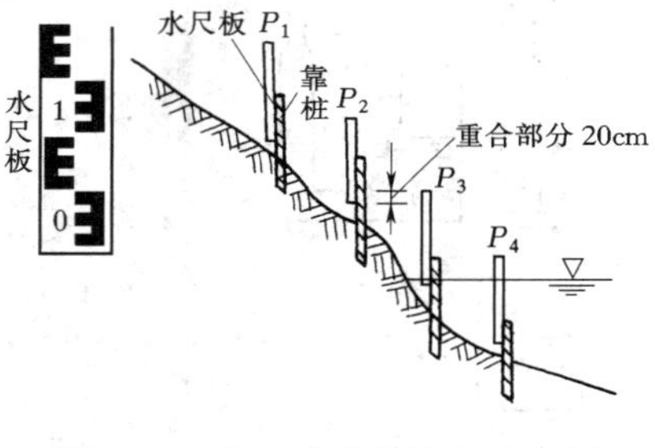

图2-4 直立式水尺设立示意图

水尺观测水位的数值为：水位＝水尺零点高程＋水尺读数。

其中水尺零点高程为水尺板上刻度为零点的高程，在水尺设置好后可通过水准测量出来。

测读水位，一般情况每日两次，即8时和20时各测记一次。汛期可增加测记次数，每日为2时、8时、14时、20时，水位变化急剧时，测次还可加密，以便测得洪峰水位。

为了节省人力，最好采用自记水位计观测水位，它能自动将水位变化过程记录下来。远传式自记水位计主要有：电传水位计、超声波无线电水位计、测针水位计等，它们能将观测的水位，以数字或图像的形式传到数公里外的室内。

（二）水位的计算

水位资料的整理有日平均水位、月平均水位和年平均水位等。关于日平均水位，其计算法如下。

1. 算术平均法

若一日水位变化缓慢，或水位虽然变化较大，但观测或从自记水位资料上摘录的间隔时距大致相等，可采用算术平均法。

$$\overline{G}_{日}=\frac{1}{n}(G_1+G_2+\cdots+G_n) \tag{2-1}$$

式中 $\overline{G}_{日}$——日平均水位，m；

G_1、G_2、…、G_n——各观测（或摘录）水位，m；

n——一日内水位观测（或摘录）次数。

2. 面积包围法

一日内水位变化较大，且观测时间间隔不相等，可采用面积包围法。如图 2-5 所示。此法是将 1 日 0～24 时内的水位过程线与横轴所包围的面积，除以 1 日时间而得，即

$$\overline{G}_{日} = \frac{1}{48}[G_0 a + G_1(a+b) + G_2(b+c) + \cdots + G_{n-1}(m+n) + G_n n] \qquad (2-2)$$

式中 G_0、G_1、G_2、…、G_n——各时刻水位观测值，m；

a、b、c、…、m、n——相邻两次观测时距，h。

三、流量的观测与计算

（一）流量的观测方法

流量是指单位时间内流过河道某一横断面的水体体积，以 m^3/s 计。

观测流量的方法很多，按测流的工作原理主要有以下几类。

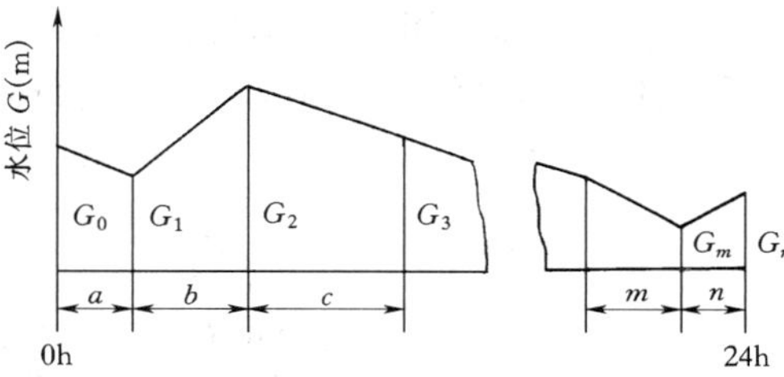

图 2-5 日平均水位面积包围法计算示意图

（1）流速面积法。通过测量流速和断面面积来推求流量，主要方法有：流速仪测流法、浮标测流法、航空测流法、比降面积法等。

（2）水力学法。通过测量水力因素，代入相应的水力学公式算出流量的方法。包括量水建筑物测流和水工建筑物测流。

（3）化学法。又称溶液法、稀释法、混合法。它是从质量守恒原理出发，将一定浓度已知量的指示剂注入河水中，由于扩散稀释后的浓度与水流的流量成反比，测定水中指示剂的浓度就可以推算出流量。

（4）物理法。利用某种物理量在水中的变化来测定流速。这类方法有超声波法、电磁法和光学法。

（二）流速仪测流及流量计算

水体在河槽中运动，受到诸如河道断面形状、坡度、糙率、水深、水草、冰冻及风等因素影响，水质点的流速，无论其大小、方向都是随时间不断变化的，如图 2-6 所示。

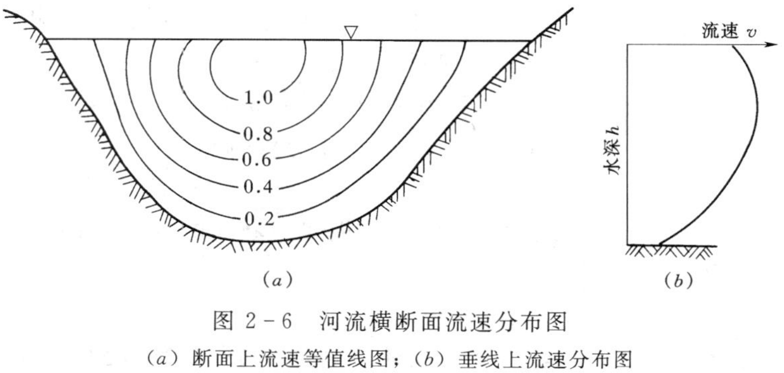

图 2-6 河流横断面流速分布图

（a）断面上流速等值线图；（b）垂线上流速分布图

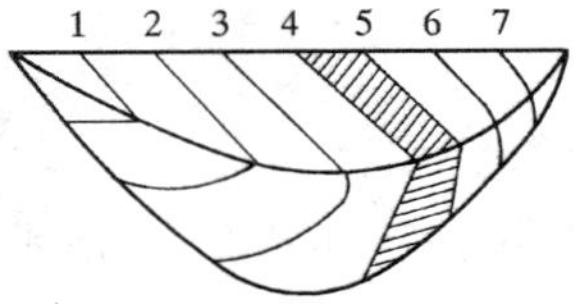

图 2-7 流量模型示意图

流量的单位采用 m^3/s，故设想一秒钟内全断面各点流速分布构成一个水量体积模型，称为流量模型，如图 2-7 所示。其形状不规则，要直接测算出体积比较困难，因此设想将其分成若干小块，然后再求出每各个小块的体积，相加求出总体积。这便是流速仪测流法的基本思路。每小块的体积称为部分流量，可近似地用部分面积乘部分流速代替。由上述可见，测流工作实质上是测量横断面及流速两部分工作的组合。所谓流速面积法，就是从这里命名的。

1. 断面测量

过水断面测量是按规范在断面上布设一定数量的测深垂线，施测每条垂线的水深和起点距。水深为水面至河底的深度；起点距为垂线至岸上某固定起点桩间的水平距离。在测水深的同时观测水位，用水位减去各垂线的水深便得各条垂线处的河底高程，据此便可绘出断面图，如图 2-8（a）所示。然后，计算断面各部分面积。

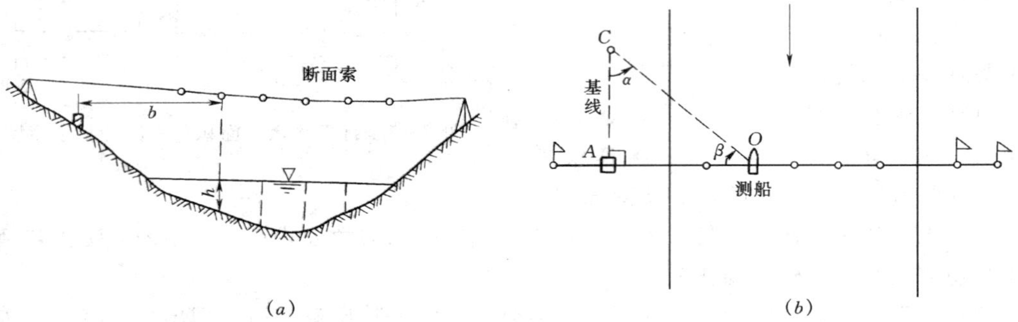

图 2-8 断面测量示意图

（a）断面索观读法；（b）交会法

（1）水深测量。测量水深的方法通常用测深杆或测深锤（铅鱼）直接测出每条测深垂线的水深。当水很深、流速很大时，可用回声测深仪测量水深。

（2）起点距的测量。起点距的测法有两种，即断面索观读法和交会法。断面索观读法就是直接观读测深垂线上空断面索上标记出的距离。这种方法适用于断面较窄，水上交通不多的河道测站。

交会法（测角法）适用经纬仪在岸上测出角 α 或用六分仪在测船上测角 β，如图 2-8（b）所示。用三角关系计算各测深垂线的起点距：

$$\left.\begin{aligned} b &= AO = AC\,\mathrm{tg}\alpha \quad (\text{经纬仪测角}) \\ \text{或}\quad b &= AO = AC\,\mathrm{ctg}\beta \quad (\text{六分仪测角}) \end{aligned}\right\} \tag{2-3}$$

基线长度 AC，应使断面上最远一点的仪器视线与断面的夹角（$90°-\alpha$）不小于 30°，以保证起点距的计算精度。

2. 流速仪测速

流速仪是测量水流流速的仪器，式样和种类很多，按传感部分的工作原理可分为：水压测速仪、转子流速仪、采样流速仪、声学流速仪、电学流速仪、光学流速仪等。我国应

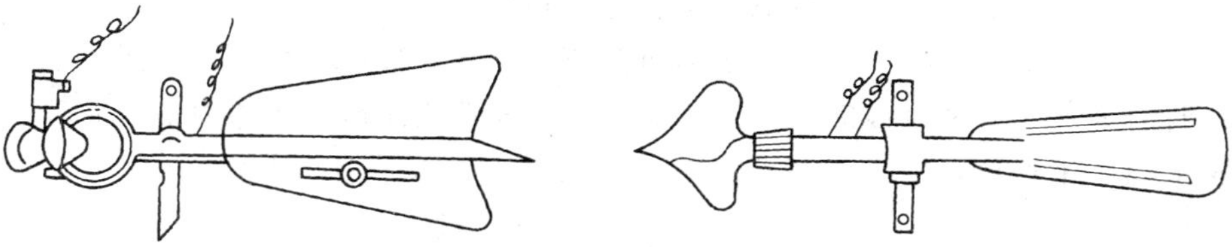

(a)　　　　　　　　　　　　　　　　(b)

图 2-9　流速仪示意图

(a) 旋杯式流速仪；(b) 旋桨式流速仪

用最广的有旋杯式和旋桨式两类转子流速仪，如图 2-9 所示。其结构主要由旋转器（旋杯或旋桨等）、尾翼和附属机件三部分组成。

流速仪的工作原理是：水流冲击旋转器，旋转器的转动速度随水流的流速大小而变，流速愈大，转动愈快，水流速度和单位时间内的转数呈线性关系。计算公式为

$$v = K\frac{N}{T} + C \tag{2-4}$$

式中　v——水流速度，m/s；

N——流速仪在测流 T 历时内的总转数；

T——测速历时（为了消除流速脉动影响，一般不应小于 100），s；

K、C——流速仪常数（出厂时由厂家率定求得；当流速仪使用一定时间后，应送到有关部门重新率定）。

目前有的流速仪经过改进，可以自动计算并显示流速值，称直读式流速仪，使用起来更为方便。

用流速仪测水下某点流速，首先应根据断面流速分布特点在测流断面上布设若干条测速垂线。其数目视水面宽、水深及测量精度要求而定。每条垂线上再布设测速点，其数目随水深不同而不同。可用一点法（即测点在水面以下相对水深为 0.6 的位置）、二点法（相对水深为 0.2、0.8 的位置）、三点法（相对水深为 0.2、0.6、0.8 的位置）等，详细原则参见水文测验有关规范。

3. 流量计算

流速仪测流有专用的记录计算表格，如表 2-1 所示。待测流完毕，应按照以下步骤计算断面流量。

(1) 审查野外测深测速记录，复核原始数据。

(2) 根据流速仪公式分别计算各测点流速。

(3) 根据各测速垂线上的测点数，计算各垂线的平均流速 v_m。

$$\left.\begin{aligned}
&\text{一点法} && v_m = v_{0.6} \\
&\text{二点法} && v_m = \frac{1}{2}(v_{0.2} + v_{0.8}) \\
&\text{三点法} && v_m = \frac{1}{3}(v_{0.2} + v_{0.6} + v_{0.8}) \\
&\text{五点法} && v_m = \frac{1}{10}(v_{0.0} + 3v_{0.2} + 3v_{0.6} + 2v_{0.8} + v_{1.0})
\end{aligned}\right\} \tag{2-5}$$

式中 v_m——垂线平均流速，m/s；

$v_{0.0}$、$v_{0.2}$、$v_{0.6}$、$v_{0.8}$、$v_{1.0}$——水面、水面以下 0.2、0.6、0.8 相对水深及河底的流速。

（4）计算各相邻测速垂线间部分平均流速。部分平均流速为相邻两条测速垂线的垂线平均流速的算术平均值，即

$$v_i = \frac{1}{2}(v_{m,\,i-1} + v_{m,\,i}) \tag{2-6}$$

岸边部分面积的平均流速可由紧靠岸边一条垂线平均流速乘以岸边流速系数 α 求得。例如：$v_1 = \alpha v_{m,1}$，式中岸边系数 α 与岸边性质有关，可根据试验资料确定。斜坡岸边 α 为 0.7；不平整陡岸边为 0.8；光滑陡岸边为 0.9；死水边为 0.6。

（5）计算相邻测速垂线间的部分面积。岸边部分按三角形计算，中间部分按梯形计算，若岸边有死水，则部分面积只能计算到死水边。

（6）计算部分流量。部分流量等于部分平均流速乘以部分面积。

（7）计算断面流量、断面面积及断面平均流速。断面流量为断面上各部分流量之和。断面面积为各部分面积之和。断面流量除以断面面积即为断面平均流速。

【例 2-1】 某站施测流量，岸边系数 α 取 0.7，按以上方法计算，成果见表 2-1。

表 2-1　某站测深测速记载及流量计算表

施测时间：2000 年 5 月 10 日 8 时 00 分至 8 时 30 分									流速仪牌号及公式：LS251 型 $v=0.2557N/T+0.0068$						
垂线号数		起点距（m）	水深（m）	仪器位置		测速记录		流速（m/s）			测深垂线间		断面面积（m^2）		部分流量（m^3/s）
测深	测速			相对水深	测点深（m）	总历时 T（s）	总转数 N	测点	垂线平均	部分平均	平均水深（m）	间距（m）	测深垂线间	部分	
左水边		10.0	0.00												
										0.69	0.50	15	7.50	7.50	5.18
1	1	25.0	1.00	0.6	0.60	125	480	0.99	0.99						
										1.04	1.40	20	28.00	28.00	29.12
2	2	45.0	1.80	0.2	0.36	116	560	1.24	1.10						
				0.8	1.44	128	480	0.97							
										1.17	2.00	20	40.00	40.00	46.80
3	3	65.0	2.21	0.2	0.44	104	560	1.38	1.24						
				0.6	1.33	118	570	1.24							
										1.14	1.90	15	28.50	35.25	40.18
				0.8	1.77	111	480	1.11							
4		80.0	1.60												
											1.35	5	6.75		
5	4	85.0	1.10	0.6	0.66	110	440	1.03	1.03						
										0.72	0.55	18	9.90	9.90	7.13
右水边		103.0	0.00												
断面流量 $128m^3/s$				断面面积 $120.7m^2$				平均流速 1.06m/s			水面宽 93.0m			平均水深 1.30m	

四、泥沙的测算

泥沙资料也是一项重要的水文资料。河流中的泥沙，按其运动形式可分为悬移质、推移质和河床质三类。悬移质泥沙悬浮于水中并随之运动；推移质泥沙受水流冲击沿河底移动或滚动；河床质泥沙相对静止地停留在河床上。这三者随着水流条件的变化而相互转化着。三者特性不同，测验及计算方法也各异。河流中泥沙一般以悬移质为主，这里着重介

绍悬移质的测算。

(一) 输沙率的计算

单位体积浑水内所含泥沙的重量称为含沙量，通常以 ρ 表示，单位以 kg/m^3 计。单位时间内流过河流断面的泥沙重量称为输沙率，以 Q_s 表示，单位以 t/s 计。二者的关系可表示为

$$Q_s = \overline{\rho} Q \times 10^{-3} \tag{2-7}$$

式中，$\overline{\rho}$ 为断面平均含沙量（称断沙）。由于过水断面上各点的含沙量是不相同的，故测验含沙量也类似于测验流速，要在断面上沿各条垂线的不同深度测出各点含沙量。

采集悬移质的仪器，通常以横式、瓶式采样器为主。也可用抽气式采样器，此外还可用同位素含沙量计等。测验时，先由采样器在每条垂线上的不同深度处取得水样，然后通过测量水样的体积、沉淀烘干及称重等步骤，即可根据水样体积 V（m^3）和测点水样中的干沙重 W_s（kg），求出各测点的含沙量 ρ（称单沙）：

$$\rho = \frac{W_s}{V} \tag{2-8}$$

有了垂线上各测点的含沙量，可用各相应点的流速加权计算垂线平均含沙量 ρ_m，含沙量的测点数一般和测速点数相同，如用三点法，则

$$\rho_m = \frac{\rho_{0.2} v_{0.2} + \rho_{0.6} v_{0.6} + \rho_{0.8} v_{0.8}}{v_{0.2} + v_{0.6} + v_{0.8}} \tag{2-9}$$

式中 $\rho_{0.2}$、$\rho_{0.6}$、$\rho_{0.8}$——0.2、0.6、0.8 相对水深处各测点的含沙量。

断面输沙率 Q_s 的计算方法，与流速仪法测流时计算流量的方法类似。先根据相邻垂线平均含沙量求出部分面积平均含沙量，再与相应部分面积的流量相乘，即得部分面积的输沙率，最后累加得断面输率 Q_s。其公式为

$$Q_s = \frac{1}{1000}\left[\rho_{m1} q_0 + \frac{\rho_{m1} + \rho_{m2}}{2} q_1 + \cdots + \frac{\rho_{mn-1} + \rho_{mn}}{2} q_{n-1} + \rho_{mn} q_n\right] \tag{2-10}$$

式中 ρ_{m1}、ρ_{m2}、…、ρ_{mn}——各条取样垂线的垂线平均含沙量，kg/m^3；

q_0、q_1、…、q_n——以取样垂线分界的部分面积上的部分流量，m^3/s。

(二) 输沙量的计算

(1) 日平均输沙率的计算。平水时期，流量和含沙量变化均匀，一般一日取一次单沙，由逐日的单沙通过单断沙关系，可求出逐日断面平均含沙量，再乘以相应的日平均流量，即得各日平均输沙率。洪水时期，河流含沙量和流量变化剧烈时，可每日取数次代表点水样测出单沙，由单断沙关系求出各测次的断沙，乘以相应的断面流量，得出各测次的断面输沙率，根据一日内输沙率变化过程用面积包围法可求得日平均输沙率。

(2) 年输沙量的计算。用日平均输沙率乘以一日的秒数得日输沙量，全年各日输沙量之和为年输沙量。

(3) 多年平均年输沙量的计算。当河流设计站具有长期悬移质泥沙观测资料时，可直接取各年输沙量的算术平均值作为多年平均年输沙量。当河流泥沙资料不充足时，可先利用河流年径流量或汛期径流量与年输沙量的相关关系，设法插补延长泥沙资料系列，然后再计算多年平均输沙量。如果设计站缺乏实测泥沙资料，可通过当地的多年平均年侵蚀模

数（一定时段内，单位流域面积的输沙量）分区图查得设计流域的多年平均年侵蚀模数，乘以设计流域的流域面积来估算多年平均年输沙量。也可以选择某参证流域，用水文比拟法估算。

分析计算悬移质多年平均年输沙量的目的，在于预估未来工程运用期间的河流来沙量，为水利水电工程规划设计提供有关泥沙数量的资料。

五、水文自动测报系统

水文自动测报是采用现代科技对水文信息进行实时遥测、传送和处理的专门技术。按水文自动测报系统规模和性质的不同可分为水文自动测报基本系统和水文自动测报网。水文自动测报基本系统由中心站（包括监测站）、遥测站、信道（包括中继站）组成。水文自动测报网是通过计算机的标准接口和各种信道，把若干个基本系统联接起来，组成进行数据交换的自动测报网络。

由遥测站采集水文数据，数据信息是经信道传输给中心站的，由中心站完成水情预报和防洪调度等各项任务。遥测站、中继站及中心站任务列于表 2-2 中。

表 2-2　遥测站、中继站及中心站任务表

遥　测　站	中继站	中　心　站
收集水文数据，按规定格式发报水情信息	中转遥测站水情数据	收集各遥测站水文信息，处理并存储水情资料，做出水情预报和防洪调度方案

第三节　水文资料的间接收集

一、水位流量关系及其应用

反映河道水流大小的水文要素经常处于变化之中，水位变化是现象，流量变化是本质。水位流量之间存在着必然的内在联系。水位观测比较容易，每年可以实测出反映水情变化的水位过程线（自记水位计更是如此）；而流量测验（流速面积法）则比较麻烦，一般水文站每年测流次数少则几十次，多则一二百次，很难据此掌握全年流量的连续变化过程。所以建立水位流量关系曲线（即基本水尺断面水位与通过该断面流量之间的关系曲线），就可以用实测水位间接求得相应的流量。

（一）水位流量关系曲线的绘制

水位流量关系曲线是根据每年实测流量成果及同时观测的水位，以水位为纵坐标，流量为横坐标在方格纸上点绘的曲线。水位流量关系有以下两种情况。

1. 稳定的水位流量关系曲线

对于河床稳定，测站控制性能良好的情况下，河道的水流状态比较平稳，水位流量关系点群呈单一密集的带状分布，有明显的规律性，可以通过点群中心定出单一的水位流量关系曲线，并可同时绘出水位面积和水位流速关系曲线。同水位下的流量应等于面积与断面平均流速的乘积，即 $Q=Fv$，如图 2-10 所示。

2. 不稳定的水位流量关系曲线

天然河道中，往往由于河床冲淤、洪水涨落、变动回水等因素的影响，使点绘的水位

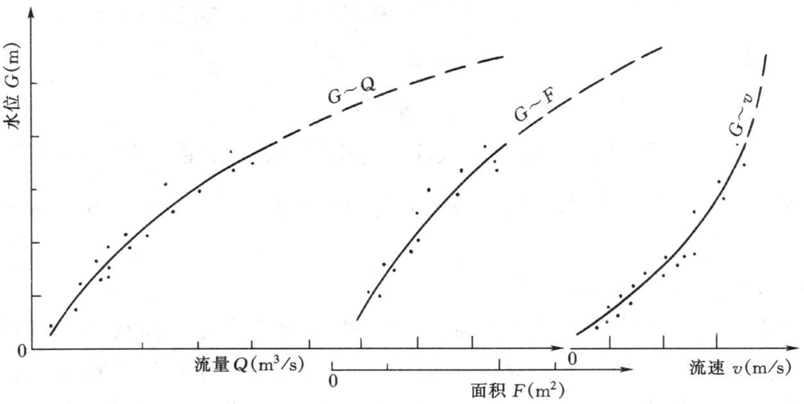

图 2-10　稳定的水位流量关系

流量关系点分布散乱，呈非单一密集带状，同一水位对应的流量不止一个，无法定出单一曲线（或直线）。如当河床冲淤时，会使同一水位下的过水面积发生变化，流量也随之变化，水位流量关系点据将偏离稳定的曲线。而当受洪水涨落影响时，水面比降发生变化，水位流量关系曲线呈涨水偏向右边、落水偏向左边的逆时针绳套形。当受变动回水影响时，因受回水顶托，使水面比降变化，水位流量关系曲线系统偏向原稳定曲线的左边等等。在这些情况下，需找出各种影响因素，分别加以处理和修正，方能定出不稳定的水位流量关系曲线。

（二）水位流量关系曲线的延长

由实测水位流量资料绘制的水位流量关系曲线的实测点据多为中、低水位情况，因为中低水位出现时间长，易于施测，但工程设计水位往往都超过了实测水位点据的分布区间，需要加以延长才能满足工程应用。

水位流量关系曲线的延长，主要是向高水位方向的延长，通常规定其延长的水位幅度应小于实测水位变幅的 30%。

1. 根据水位面积、水位流速关系曲线作高水延长

对于河床比较稳定的测站，水位面积、水位流速关系点子常较为集中，曲线的趋势明显。可先将水位面积曲线和水位流速关系曲线按趋势延长。然后取同一水位下的过水面积和断面平均流速，按 $Q=Fv$ 计算流量，将水位流量关系曲线延长。

2. 用水力学公式作高水曲线延长

水力学的谢才公式为

$$Q=CF\sqrt{RI} \tag{2-11}$$

式中　C——谢才系数，可用曼宁公式计算，即 $C=\frac{1}{n}R^{1/6}$；

n——河床糙率；

F——过水断面面积，m^2；

R——过水断面水力半径，m；

I——水面比降。

式（2－11）可改写成 $Q=C\sqrt{I}F\sqrt{R}$，当水面很宽时，水力半径近似地等于平均水深 $\overline{h}$，即 $R=\overline{h}$，同时令 $K=C\sqrt{I}$，则

$$Q=KF\sqrt{\overline{h}} \tag{2-12}$$

在高水位时因 n 和 R 都比较稳定，故谢才系数 C 接近常数。加之高水位时比降变化不大，故 $K=C\sqrt{I}$ 也接近于常数，Q 与 $F\sqrt{\overline{h}}$ 之间成直线关系，高水部分的水位流量关系可根据这一关系延长。

（三）水位流量关系曲线的应用

绘出水位流量关系曲线并进行延长后，便可用瞬时水位在该曲线上查读相应的瞬时流量，并按日流量的变化情况，采用算术平均法或面积包围法计算日平均流量。也可以直接用日平均水位查读日平均流量。为了工作的方便，水文站常将水位流量关系曲线编制成水位流量关系表来查读流量。

河流输沙率的测算比流量测算的工作量还大，和由水位流量关系间接地推算流量一样，可建立断面上某代表性测点的含沙量（单沙）与断面平均含沙量（断沙）的关系，即单沙与断沙的关系。依此由单沙间接地推算断沙，进而求出断面输沙率。此处不再详述。

二、水文调查

水文调查也是间接收集水文资料的一种途径，其主要目的是为了弥补水文测站实测资料的不足。水文调查可分为洪水调查、暴雨调查和枯水调查。

（一）洪水调查

洪水调查就是对河流在设站以前发生的历史大洪水进行调查，推算出各场特大洪水的洪峰流量或其数量级别，为设计洪水的计算提供重要的信息。

1. 洪水调查的内容及方法

洪水调查的内容主要包括：收集流域的有关基本资料，如地形图、河道纵横断面图等，有可能的，还应收集航测照片、卫星照片、沿河水准点的高程和位置，查阅历史文献，了解历史上发生洪水的资料和年代、大小、顺序等情况；明确任务，确定调查原则，准备必要的仪器工具和用品，拟订调查计划。洪水调查方法根据调查目的和要求的不同有所不同，主要有群众走访和文献查阅及野外调查与测量。具体的工作有：①河道踏勘：应选择顺直河道，有古庙等古建筑物、卡口陡坡等处，因这些地方可能留有较可靠的洪水痕迹；②深入调查，确定洪水痕迹：共同回忆，相互启发，询问当地的老居民，指认历史上出现过的洪水痕迹；③测量工作：对调查到的洪水高程及其所在河道横断面、河段纵断面图等进行实地测绘；④对有价值的资料，如洪痕、文献和文物、河道地形、地势，进行摄影并附以简要说明。最后对调查洪水发生的时间和各次历史洪水的排位，进行调查论证，予以确定。

2. 洪峰流量的推算

若调查洪水痕迹附近有水文站，可利用水文站的实测水位流量关系曲线，作高水延长，由洪痕对应水位在水位流量关系曲线上查出相应的洪峰流量。

若调查河段附近没有水文站，可利用式（2－11）推求洪峰流量。其中，F、R 可根据实测大断面资料及洪痕水位求得；糙率 n 可根据河段上河床的情况参考糙率表确定，

也可根据附近河槽情况相似的水文站的糙率资料类比确定；I 为洪水水面比降，根据河段上洪痕高程推求，一般要求河段上有 2～3 个洪痕。

【例 2-2】 某河于 1974 年进行洪水调查，查得清光绪二年（1876 年）六月十四日曾发生特大洪水，在调查河段上断面测得该次洪水痕迹高程 478.16m，下断面洪痕高程 475.21m，上下断面间距 $L=694$m，中断面面积 $F=596\text{m}^2$，相应河宽 $B=128$m，湿周长 $x=140.5$m。该河属山区河流，调查河段比较顺直，断面比较宽浅，卵石河床冲淤变化小，两岸为陡坡，试估算此次历史洪水的洪峰流量。

解：(1) 洪水水面比降：$I=\dfrac{\Delta G}{L}=\dfrac{478.16-475.21}{694}=4.25‰$；

(2) 水力半径：$R=\dfrac{F}{x}=\dfrac{596}{140.5}=4.24$ (m)；

(3) 糙率 n：根据河段特性查糙率表得 $n=0.025$；

(4) 该次洪水的洪峰流量：

$$Q_m=\frac{1}{n}R^{\frac{1}{6}}F\sqrt{RI}=\frac{1}{0.025}\times4.24^{\frac{1}{6}}\times596\times\sqrt{4.24\times0.00425}=4070\ (\text{m}^3/\text{s})$$

（二）暴雨调查

在以降雨为洪水成因的地区，洪水的大小总是与暴雨的大小相联系的。暴雨的调查资料往往对洪水调查结果起旁证的作用。历史上的暴雨，由于雨量站缺乏或稀少，必须通过暴雨调查，了解和掌握历史暴雨的情况。在一些处于特大暴雨地区的雨量站，因为雨大势急，常不能按正常的规定观测和记录，情节严重的甚至使仪器损坏，记录中断，资料损失。基于上述情况，随时开展暴雨调查工作，是不可缺少的。

暴雨调查分历史暴雨调查和现代暴雨调查两种情况。历史大暴雨年代久远，难以调查到确切的数量。一般参考历史文献的记载和群众的回忆，或以近期的某场暴雨作对比分析，估算出暴雨的量级和大致范围。对近期暴雨，当地区观测资料不足时，可根据群众对当时雨势的描述，如池塘、洼地、露天水缸的蓄满情况等，进行实际测量。对已记录的资料应进行复核，对降雨的时空分布也需作出估计。

（三）枯水调查

枯水时的水位和流量资料，对灌溉、水力发电、航运、给水等工程的规划设计和管理工作都是不可缺少的。

枯水调查与洪水调查同时进行，基本方法也相似。但历史枯水一般很难找到其痕迹，比历史洪水调查更困难。调查时可在渡口、水井处了解历史上的干旱情况，作为估算最枯水位和流量时的参考。当前的枯水调查可结合抗旱、灌溉用水调查进行，需调查河道是否干涸断流、发生的时间和持续天数。

三、水文年鉴、水文数据库和水文手册（图集）

（一）水文年鉴

国家基本水文站网历年测验整编的水文资料成果，按照统一的格式和规定，由主管单位逐年成册刊印称为水文年鉴。

水文年鉴的主要内容有：①水文年鉴卷册索引图；②资料说明部分，其中包括水位和水文站一览表、降水量和水面蒸发量测站一览表以及水位和水文站测站分布图、降水量和水面蒸发量测站分布图等；③正文部分，有水位、流量、泥沙、水温、冰凌、水化、降水、水面蒸发等资料，如逐日平均水位表、逐日平均流量表、实测流量成果表和洪水水文要素摘录表等。

通常水文年鉴作为内部资料发行至各级水利机构、教学和科研单位。各地水文部门还将水文特征值摘录并汇编成《水文特征值统计资料》，使查用更为方便。

（二）水文资料数据库

我国的水文年鉴发行工作至20世纪80年代末基本上停止，以后各省、市、自治区都在建立自己的水文资料数据库，并逐步实施全国联网，作为面向社会的水文资料查询系统。

我国水文数据库由基本水文数据库和若干专用数据库组成，并用网络联结成分布式系统。一级节点库是中央一级的国家节点库，设于水利部水利信息中心。二级节点库是分设于流域水文部门和省（区）水文水资源勘测局的区域性节点库。三级节点库是设于省（区）水文分局（勘测大队）的局部网络节点，它负责各测站原始水文数据的收集、处理和存储等。

（三）《水文手册》和《水文图集》

从水文年鉴和水文资料数据中只能查到基本测站所观测的各项水文要素资料，而水文测站在面上的布设密度是有限的，必然有相当多的河段和支流上无水文测站，因此，小河流上水电工程的规划设计常遇到水文资料欠缺的情况。为此，各省（区）水利部门在分析综合历年区域性水文资料的基础上，找出水文特征值的地区变化规律，用等值线图、经验公式或表格等形式表示出来，编印成本省（区）的《水文手册》或《水文图集》。这些手册（图集）的内容主要包括：①本区自然地理和气候资料；②降水、径流、暴雨、洪水、泥沙、水质、地下水、冰情等水文要素特征值的统计表和等值线图、分区图；③计算各种水文要素特征值和设计值所需要的经验公式、关系曲线；④附有计算方法和算例等。利用这些手册（图集），可以估算出无实测水文资料流域的水文特征值。在使用这些手册（图集）时，应注意所用资料的年限，并结合实际情况，作必要的修正。

思考题与练习题

1. 在水利水电工程规划设计时，怎样收集相关的水文资料？
2. 流速仪测流的原理是什么？
3. 什么是水位流量关系？它有什么用途？水位流量关系不稳定的原因是什么？
4. 河流泥沙主要分为几大类？以哪类为主？
5. 含沙量和输沙率的本质区别是什么？
6. 洪水调查包括那些内容？洪水调查应在何时进行？
7. 水文年鉴与水文图集、水文手册有什么不同？各有哪些内容？
8. 按题图2-1和题表2-1的测流记录进行计算，并将计算成果填入题表2-1。岸边系数 $\alpha=0.7$，测流起讫水位为28.31m。

（参考答案：Q 为 51.4m^3/s，F 为 60.8m^2；v 为 0.845m/s）

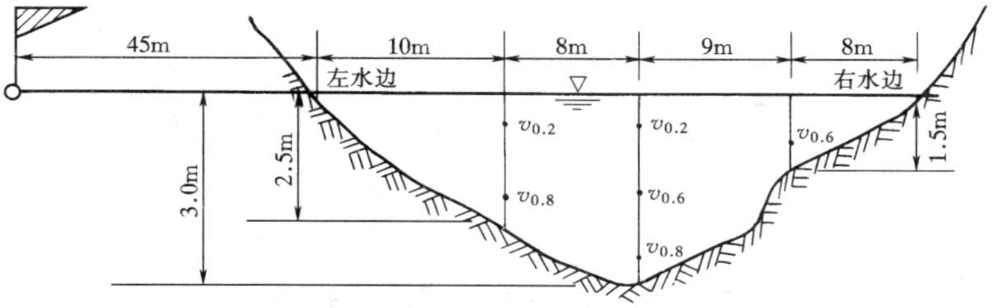

题图 2-1　测流断面示意图

题表 2-1　　某站测深、测速记载及流量计算表

施测时间 2000 年 5 月 10 日 8 时 00 分至 8 时 20 分								流速仪牌号及公式 LS251 型 $v=0.702N/T+0.015$							
垂线号数		起点距（m）	水深（m）	仪器位置		测速记录		流速（m/s）			测深垂线间		断面面积（m²）		部分
测深	测速			相对	测点深（m）	总历时 T（s）	总转数 N	测点	垂线平均	部分平均	平均水深（m）	间距（m）	测深垂线间	部分	流量（m³/s）
左水边		45	0												
1	1	55	2.5	0.2		150	210								
				0.8		132	150								
2	2	63	3.0	0.2		105	160								
				0.6		110	150								
				0.8		115	140								
3	3	72	1.5	0.6		120	150								
右水边		80	0												
断面流量　m³/s				断面面积　m²				平均流速　m/s			水面宽　m			平均水深　m	

9. 某站 1998 年实测水位、流量和断面面积成果如题表 2-2 所示，试用水位面积和水位流速关系曲线延长水位流量关系曲线，并计算出水位为 157.62m 的流量。

（参考答案：2140m³/s）

题表 2-2　　某站 1998 年实测水位、流量成果表

水位 G（m）	流量 Q（m³/s）	断面面积 F（m²）	平均流速 v（m/s）	水位 G（m）	流量 Q（m³/s）	断面面积 F（m²）	平均流速 v（m/s）
144.35	53.1	121		152.16	1030	463	
145.45	120	158		153.76	1450	539	
146.41	223	198		155.68	1880	635	
146.96	282	221		157.62		732	
147.58	351	247		157.31	2070	716	
148.76	495	302		156.98	1960	701	
149.03	569	325		154.19	1370	561	
150.60	749	388		153.01	1190	505	
151.68	1020	440		148.09	437	271	

第三章　水　文　统　计

第一节　水文统计的基本概念

水文资料是水文现象的一种物质表现形式，通过对水文资料的进一步分析，可以揭示水文现象所隐藏的客观规律。

一、水文现象的统计规律

水文现象是一种自然现象，它的产生、发展和演变过程，既有必然性的一面，又有偶然性的一面。例如一条河流每年必有一个最大的洪峰流量，它是由水文循环所决定的，因此是必然的；而各年的最大洪峰流量数量的大小，何时发生，这又是未知的，带有一定的偶然性（数学上称为随机性），因此可以说水文现象也是一种随机现象。对于随机现象，从表现上看似乎是无规律的，但分析大量实测水文资料后便知，它是遵循一定规律的。如河流某断面年径流量的多年平均值是一个比较稳定的数值，在长期过程中，河流的径流量接近于多年平均值的年份出现较多，而特大或特小值出现的年份则比较少。随机现象的这种规律性，只有通过大量的观测、统计、分析后才能发现，故称之为统计规律。而数理统计法正是揭示这种规律的一种有力工具，所以也就成为水文分析计算的主要方法，在水文学中称之为水文统计。

二、随机变量、总体和样本

在日常生活中我们会遇到各种各样的试验，如科学种田试验，导弹发射试验等。可以说试验具有广泛的意义。在概率论中提出这样一种试验：①可以在相同的条件下重复进行；②每次试验的可能结果不止一个，并且事先知道试验所有可能出现的结果或范围；③每次试验之前无法确定究竟哪种结果会出现。如掷硬币、掷骰子、摸扑克牌等等均是如此。具有这种特性的试验称为随机试验。随机试验的结果叫事件，事件可以分为两大类：在一定条件的组合下，必然会发生的事件，称为必然事件；肯定不发生的事件，称为不可能事件。它们发生与否在试验前就可确定，因此属于确定性事件。另一类是在一定条件的组合下，可能发生也可能不发生的事件称为随机事件，简称事件。例如在一次掷骰子中，设事件为“2点出现”，掷骰子时该事件有可能发生，也有可能不发生，这种事先不能确定的事件就是随机事件。水文观测也可以看成是随机试验，观测到的结果是随机事件。必然事件和不可能事件本来没有随机性，但为了研究的方便，把它们看成是随机事件的特例。

为了便于分析事件的统计特性，通常用变量来表示事件，即随机试验的结果。每次试验后事件发生与否就相当于给这个变量赋值，这个变量就叫随机变量。

通常用大写字母表示随机变量，其取值用相应的小写字母表示。如某随机变量为 X，其取值可以记为 x_i，$i=1、2、\cdots、n$。在上面掷骰子例子中，掷骰子的结果用变量 X 表示，$X=2$ 代表“2 点出现”的事件发生。一般将 x_1、x_2、…、x_n 称为随机系列，简称系列。

在数理统计中，把随机变量所有取值的全体称为总体。从总体中任意抽取的一部分称为样本，样本的项数称为样本容量。掷骰子试验中。随机变量总体的取值共有 6 种情况。而水文变量的总体都是无限的，实际上无法获得。例如某地的年降水量是随机变量，其总体是指自古到今以至未来无限年代的所有降水量，人类是不可能全部观测得到的。目前设站所观测到的几十年甚至是上百年降水量资料，只不过是总体中的一小部分，是一个很有限的样本。因此，我们通过各种途径收集来的水文资料都是样本资料。

总体和样本之间既有区别又有联系。由于样本是总体中的一部分，因而样本的特征在一定程度上（或部分地）反映了总体的特征，故总体的规律可以借助样本来逐步地认识。这就是我们目前用已有水文资料来推断总体或预估未来水文情势的依据。但样本毕竟只是总体中的一部分，当然不能完全代表总体的情况，其中存在着一定的差别。这种差别就是我们后面将要介绍的抽样误差。可以相信，随着科学技术的发展，随着资料和经验的积累，总体的规律将愈来愈为人们所认识。

三、选样

水文过程是随时间变化的，具有周期性、趋势性和持续性的随机过程，目前人们还不能构造成一个复杂的随机模型来准确地模拟水文变量的变化过程。现行水利水电设计中的水文分析计算方法，基本上都是把水文过程看成是不含周期性、趋势性和持续性的纯随机过程。为此，首先以“年”为时段把实际连续的水文过程离散化，以消除水文变量在年内随季节波动的影响。为了进一步消除相邻年际间河川径流的相关关系，在年径流计算时，又改用水文年（以水文现象的循环规律来划分，即从每年汛期开始起到下一年的汛期开始止）或水利年（以水库蓄泄水的周期来划分，即从每年水库蓄水之日起到下一年蓄水之日止）作为划分时段。使逐年出现的水文过程尽量与次序无关，即随机独立。

其次，由于每年的水文过程也是一次复杂的随机事件，目前只能简化成用水文特征值（水文变量）来从不同角度刻画其主要特征，如时段径流量、洪峰流量等。并按成因相同，条件一致的原则从中选出水文特征值组成年样本系列，作为统计分析的对象，这个过程称为选样。

组成年样本系列的水文特征值的大小与统计时段有关。统计时段分设计时段和控制时段两种。能够完整地反映设计流域水文特征的最长统计时段为设计时段，在设计时段之内划定的，用以细致刻画和控制设计时段内水文变化过程的较短时段为控制时段。设计时段和控制时段应根据工程要求和流域水文特性而定。如在分析设计流域河川来水量时，通常以年作为设计时段，根据灌溉或发电要求，选灌溉期或枯水期为控制时段；在分析暴雨时，如根据历年暴雨资料选定某小流域暴雨的设计时段为 24h，则可取 1h、3h、6h 等为控制时段。控制时段的多少以能控制设计时段内的水文过程为原则。

为了使样本资料满足随机独立性的要求，并考虑最不利情况，一些水文特征值的选样通常按“年极值”来挑选，如年最大洪峰流量；年最大 1h、年最大 6h、年最大 24h 雨量；年最小 1 个月、年最小 3 个月枯季径流量等。每年独立选取水文特征值，组成各自的年样本系列，作为水文统计计算的基础，水文变量的选样如图 3-1 所示。

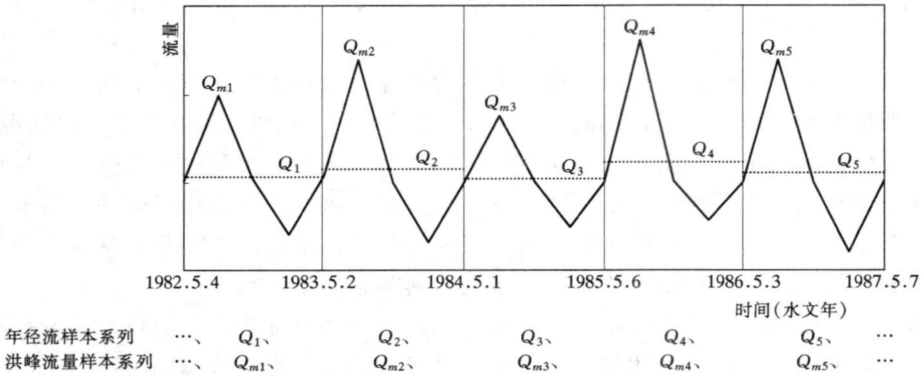

图 3-1 水文选样示意图

水文统计的任务，就是通过数理统计的途径和方法，对上述观测所取得的样本系列进行统计分析，寻求其统计规律。其实质就是由水文样本特征估计水文总体的特征，由此推测同属水文总体一部分的工程未来运用期的水文情势。

第二节 样本的统计参数和抽样误差

由总体和样本的关系可知，样本是总体的一部分，样本特征对总体特征有一定的代表性。一般从样本系列的数字特征和频率特征两个侧面揭示总体的特征，并用抽样误差来衡量样本对总体代表性的优劣程度。

一、样本的统计参数

水文样本系列是水文随机变量的一组取值。水文随机变量取值应有一定的规律，这种规律的数字特征叫统计参数。样本系列常用的统计参数有：算术平均数、均方差、变差系数和偏差系数。

1. 算术平均数（$\overline{x}$）

设随机变量的样本系列为 x_1、x_2、…、x_n，则其算术平均数可用下式计算：

$$\overline{x}=\frac{x_1+x_2+\cdots+x_n}{n}=\frac{1}{n}\sum_{i=1}^{n}x_i \tag{3-1}$$

算术平均数简称均值，它表示样本系列的平均情况，反映系列总体水平的高低。例如，甲乙两条河流的多年平均流量分别为 $1000m^3/s$ 和 $100m^3/s$，就说明甲河流域的水资源比乙河流域的丰富得多。

2. 均方差与变差系数

（1）均方差（σ）。均方差 σ 表示系列各个取值相对于均值的离散程度。计算公式为

$$\sigma=\sqrt{\frac{\sum_{i=1}^{n}(x_i-\overline{x})^2}{n-1}} \tag{3-2}$$

例如有甲乙两个系列，其值为

甲系列：5，10，15

乙系列：2，10，18

两个系列的均值都是10，但两个系列中各个取值相对于均值的离散程度显然是不同的，两系列的均方差可按（3-2）式计算：

$$\sigma_{甲}=\sqrt{\frac{(5-10)^2+(10-10)^2+(15-10)^2}{3-1}}=5$$

$$\sigma_{乙}=\sqrt{\frac{(2-10)^2+(10-10)^2+(18-10)^2}{3-1}}=8$$

可见$\sigma_{甲}<\sigma_{乙}$，说明甲系列的离散程度小，乙系列的离散程度大。

（2）变差系数（C_v）。均方差的大小只能衡量等均值系列的离散程度，而对于均值不等的系列，为了消除均值的影响，用均方差与均值的比值，即变差系数C_v来比较。样本系列变差系数的计算公式为

$$C_v=\frac{\sigma}{\overline{x}}=\frac{1}{\overline{x}}\sqrt{\frac{\sum_{i=1}^{n}(x_i-\overline{x})^2}{n-1}} \tag{3-3}$$

例如有丙、丁两个系列，其值为

丙系列：5，10，15

丁系列：995，1000，1005

两系列的均值分别为$\overline{x}_{丙}=10$，$\overline{x}_{丁}=1000$，均方差分别为$\sigma_{丙}=5$、$\sigma_{丁}=5$，用式（3-3）求得两系列的变差系数分别为$C_{v丙}=0.5$、$C_{v丁}=0.005$，说明丙系列的离散程度远比丁系列的离散程度大。

在水文学中，计算出某样本系列的变差系数后，通常需要分析其在地区上的变化规律，和邻近流域的变差系数进行比较，所以经常使用变差系数来反映样本系列的离散程度。

3. 偏差系数（C_s）

偏差系数C_s也称偏态系数，它是反映系列中各值在均值两侧对称程度的一个参数。计算公式为

$$C_s=\frac{\sum_{i=1}^{n}(x_i-\overline{x})^3}{(n-3)\overline{x}^3C_v^3} \tag{3-4}$$

当样本系列中各值在均值两侧对称分布时，$C_s=0$，称为正态分布。若分布不对称时，$C_s\neq0$，称为偏态分布。其中$C_s>0$，它表示随机变量大于均值的取值比小于均值的取值机会少，称为正偏分布。反之，$C_s<0$，称为负偏分布。水文现象大多属正偏分布。

样本的统计参数$\overline{x}$、σ、C_s可由电子表格Excel软件的内置函数AVERAGE、STDEV和SKEW直接算出。

二、抽样误差

用式（3-1）～式（3-4）计算出来的都是样本的统计参数，它们与总体统计参数是有区别的。

对于水文现象而言，几乎所有的水文变量的总体都是无限的，目前掌握的资料仅仅是一个容量十分有限的样本，这样要由样本的统计参数去估计总体的统计参数，总会存在一

定的误差，这种误差是由随机抽样而引起的，故称之为抽样误差。

根据数理统计的理论和实践经验，样本统计参数的抽样误差一般随样本的均方差 σ、变差系数 C_v 及偏差系数 C_s 的增大而增大；随样本容量 n 的增大而减小。因此一般来讲，样本系列越长，抽样误差将愈小，样本对总体的代表性也就愈好。反之，样本系列愈短，抽样误差愈大，样本对总体的代表性也就越差。所以在水文分析过程中，一般要求样本容量要有足够长度。

用式（3-1）～式（3-4）估算参数的方法称为矩法估计。经验表明，矩法估算参数，除了有上述抽样误差外，还有一定的系统误差。因此，在实际的水文分析计算中，通常不直接使用矩法估计的参数，而是以矩法公式计算的参数作为初始参数值，然后经过频率适线法来确定。这种方法是我国水文界目前广泛使用的一种方法，将在后面详细介绍。

第三节　水文样本的频率分析

水文样本系列，不仅可以用样本的统计参数来描述随机变量取值的数字特征，还可以用随机变量的频率分布来进一步刻画。

一、概率、频率和重现期

（一）概率

随机事件在试验结果中可能出现也可能不出现，但其出现（或不出现）的可能性的大小是不同的。为了比较这种可能性的大小，必须赋予一种数量指标，这个数量指标就是事件的概率。

简单随机事件 A 发生的概率，计算如下：

$$p(A)=\frac{m}{n} \tag{3-5}$$

式中　$p(A)$——一定条件下随机事件 A 发生的概率；

m——属于随机事件 A 的结果数；

n——试验中所有可能出现的结果数。

例如掷骰子试验，所有可能出现的结果数 $n=6$，即可能出现 1、2、3、4、5、6 点。设事件 A 表示为“3 点出现”，则所有可能出现的六种结果中属于 3 点的结果数为 $m=1$，因此“3 点出现”的概率为 $p(A)=\frac{m}{n}=\frac{1}{6}$；若事件 A 表示“大于 3 点的点数出现”，则属于事件 A 的可能出现的结果数为 $m=3$（即 4、5、6 点出现），因此 $p(A)=\frac{3}{6}$。假若将骰子的六个面全部刻成 3 点，则 3 点出现的结果数为 $m=n=6$，此时，$p(A)=1$，该事件为必然事件；除 3 点以外其它各点数出现的结果数为 0，也就是 $m=0$，$p(A)=0$，说明其它各点数的出现是不可能事件。由此可以得出随机事件 A 的概率介于 0 和 1 之间，即 $0\leqslant p(A)\leqslant 1$。

式（3-5）只适用于所谓的“古典概型事件”，即试验的所有可能结果都是等可能的，且试验中所有可能出现的结果总数是有限的简单随机事件。而对于水文上的复杂随机事件而言，试验所有可能结果数 n 是无限的，无法知道。因此，其出现的可能性大小无法用古典概型的概率来描述，这便引出了频率的概念。

（二）频率

设随机事件 A 在 n 次随机试验中，实际出现了 m 次，则

$$p(A)=\frac{m}{n} \tag{3-6}$$

为事件 A 在 n 次试验中出现的频率，简称为事件 A 的频率。

实践证明，当试验次数 n 较少时，事件的频率很不稳定，有时大，有时小；但当试验次数 n 无限增多时，事件的频率就逐渐趋近于一个稳定值，这个稳定值便是事件发生的概率。如掷硬币试验，从理论上讲，正面（或反面）出现的概率为 0.5（即 $n=2$，$m=1$，$p(A)=\frac{1}{2}$），以前曾有人做过掷硬币试验 4040 次、12000 次和 24000 次，分别统计正面出现的次数为 2048 次、6019 次和 12012 次，相应频率为 0.5080、0.5016 和 0.5005。可见，随着试验次数的增多，频率越来越接近于事件的概率 0.5。

随机事件频率的这种特性，不仅为大量实践所证实，而且在概率论中也有严格的理论证明。因此对于复杂的随机事件，可以用频率近似地代替概率来描述其发生的可能性，从这个意义上讲也要求试验次数 n 要足够大。

水文现象中的各种随机变量如降水、径流、洪水等的变化均属于复杂事件，生产上的水文频率通常是指水文随机变量大于或等于某一固定值这一随机事件发生的可能性。例如，河流某断面洪水的频率 $p=5\%$，表示该断面的洪水大于或等于某一给定值这一事件发生的可能性是 5%。

（三）重现期

由于频率是概率论中的一个概念，比较抽象，因此水文分析计算中常用“重现期”来代替频率表示随机事件（或随机变量取值）出现的机会。

所谓重现期，是指某随机事件在长期过程中平均多少年出现一次，即“多少年一遇”，用 T 表示。例如，某水文随机变量大于或等于某值的频率 $p=5\%$，表示该随机事件平均 100 年可以出现 5 次，或平均 20 年出现 1 次，亦即重现期 $T=20$ 年，称为“20 年一遇”。

频率与重现期的关系，在不同的情况下有不同的表示方法。

在研究暴雨、洪水时，水文变量大于或等于某值事件发生的频率 $p<50\%$，该事件的重现期为

$$T=\frac{1}{p}\text{（年）} \tag{3-7}$$

例如，某防洪工程设计依据洪水频率 $p=5\%$，则重现期 $T=\frac{1}{0.05}=20$ 年，即洪水或该工程的防洪标准是 20 年一遇。表示长期过程中，平均 20 年出现 1 次大于或等于该级别的洪水。

在灌溉、发电、供水工程规划设计时，需要研究枯水问题，水文变量大于或等于某值的频率 $p>50\%$，则水文变量小于某值，即枯水事件发生的频率为 $1-p$，枯水事件的重现期为

$$T=\frac{1}{1-p}\text{（年）} \tag{3-8}$$

例如，为保证灌区的用水需求，某灌区的设计依据为径流大于或等于某一值的频率 $p=95\%$，则径流小于该值，灌区用水遭到破坏，即枯水事件发生的频率为 $1-95\%$，那么枯水的重现期 $T=\frac{1}{1-0.95}=20$ 年，表示平均在 20 年中有 1 年供水不足，其余 19 年用水可以得到保证。鉴于此，在灌溉、发电、供水工程规划设计时，常把所依据的径流频率（$p>50\%$）称为保证率，可理解为兴利用水得到保证的概率。

必须指出，因为水文现象一般并无固定的周期，所谓“多少年一遇”，是指长期过程中的平均情况。如百年一遇的洪水，表示大于或等于某一级别的洪水平均是 100 年出现一次，但并不意味着每隔 100 年就必须会遇上 1 次。此处着重强调的是长期过程中的平均情况，对于某个具体的 100 年来说，大于或等于这个级别的洪水可能出现几次，也有可能一次都未出现。

二、随机变量的频率分布

水文变量基本上都是随机变量，如年径流量、降水量、最大洪峰流量等，各随机变量可以取不同的值，而且每一个取值都对应一定的频率，我们将随机变量的各个取值与其频率之间的对应关系称为随机变量的频率分布。它可以用表格和图形来表示。

【例 3-1】 已知某站 1938～2001 年共 64 年的年降水量（见表 3-1），试分析该样本系列的频率分布规律。

解：（1）为了使研究问题简单而实用，将年降水量分组并统计各组出现次数和累积次数，拟定分组的组距 $\Delta x=100$mm，统计结果列于表 3-2 中的①、②、③、④栏。

表 3-1 **某站年降水量表** 单位：mm

年份	年降水量	年份	年降水量	年份	年降水量	年份	年降水量	年份	年降水量
1938	476	1951	285	1964	549	1977	841	1990	556
1939	486	1952	528	1965	702	1978	386	1991	526
1940	905	1953	583	1966	563	1979	565	1992	548
1941	207	1954	618	1967	612	1980	623	1993	627
1942	472	1955	388	1968	760	1981	558	1994	672
1943	513	1956	609	1969	658	1982	585	1995	514
1944	598	1957	817	1970	528	1983	784	1996	346
1945	580	1958	464	1971	802	1984	561	1997	530
1946	436	1959	626	1972	554	1985	488	1998	491
1947	229	1960	446	1973	643	1986	543	1999	512
1948	328	1961	457	1974	592	1987	629	2000	726
1949	331	1962	641	1975	586	1988	410	2001	545
1950	430	1963	481	1976	745	1989	663		

表 3-2　　某站年降水量分组统计表

序　号	年降水量分组 组距 $\Delta x=100$ (mm)	各组出现次数 (次)	累计出现次数 (次)	各组出现频率 $p(x)$ (%)	累计频率 p (%)
①	②	③	④	⑤	⑥
1	900～999	1	1	1.6	1.6
2	800～899	3	4	4.7	6.3
3	700～799	5	9	7.8	14.1
4	600～699	12	21	18.7	32.8
5	500～599	23	44	36	68.8
6	400～499	12	56	18.7	87.5
7	300～399	5	61	7.8	95.3
8	200～299	3	64	4.7	100
总　　计		64		100	

(2) 计算各组出现的频率和累积频率。各组出现的频率均按 $p(A)=\frac{m}{n}$ 计算，并表示成百分数。如第一组（900～999mm）出现的频率为

$$p(900\leqslant x\leqslant 999)=\frac{1}{64}=1.6\%$$

第二组（800～899mm）出现的频率为

$$p(800\leqslant x\leqslant 899)=\frac{3}{64}=4.7\%$$

……

将计算结果填入表中⑤栏。

累积次数实际含义是降水量大于或等于某个数值出现的次数。累积频率就是降水量大于或等于某个数值出现的频率，可表示为 $p(x\geqslant x_i)=\frac{m}{n}$，式中 m 为累积次数，按此式计算累积频率填入表中第⑥栏。

(3) 绘图。由表 3-2 中②栏和⑤栏绘成年降水量频率分布直方图，如图 3-2 所示；②栏和⑥栏绘成累积频率阶梯图，如图 3-3 所示。

从图 3-2 中可以看出，直方图呈中间高两边渐低的形状，表示 400～499mm 的降水量出现机会最大，而最大组和最小组降水量出现的机会均很小；从图 3-3 中可以看出，累积频率分布图为一阶梯状图，每一台阶的宽度也就反映了该组降水量出现的频率，其分布的规律和直方图规律是一致的。因此可以说频率分布直方图和累积频率分布图的作用是相同的，它们都反映了随机变量取值与其频率之间对应关系的分布规律，只是表现的形式不同而已。如果资料再加多，分组值 Δx 再取小，则图 3-2 直方图的外包线可以接近于比较光滑的铃形曲线（图中虚线），称为频率密度曲线；图 3-3 中的阶梯状图，台阶的高

度也将逐渐变小，其外包线也就近似于一条S形曲线（图中虚线），称为累积频率分布曲线。

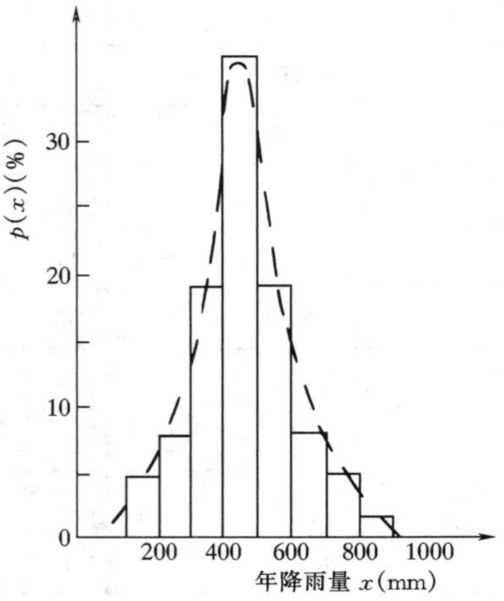

图 3－2　某站降水量频率分布直方图

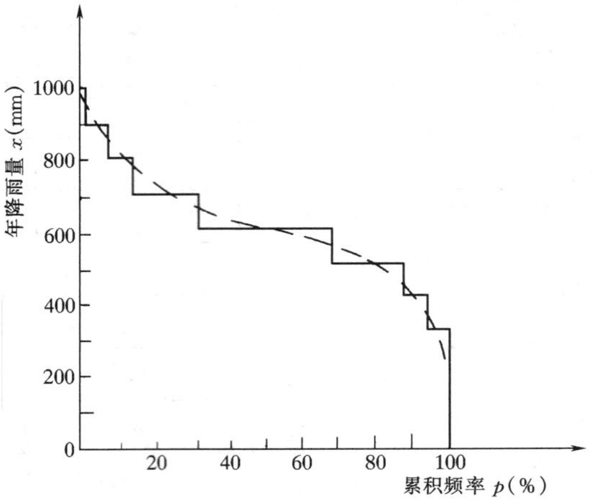

图 3－3　某站年降水量累积频率分布图

在水文分析计算中，一般不绘制随机变量的频率密度曲线，而是习惯用累积频率分布曲线，简称频率曲线。

三、经验频率曲线

一般情况下，现有的水文资料系列较短，仅几十年，不便像上述那样分组统计，而是将样本中水文变量的各个取值按由大到小的顺序排列为 x_1、x_2、…、x_m、…、x_n，其中某一取值 x_m 的序号 m，也正是在 n 次观测中，水文变量大于或等于该值的累积次数。这就可以用频率的定义式（3－5）计算水文变量大于或等于某一取值的累积频率，即经验频率。但当 $m=n$ 时，则 $p=100\%$，即表示随机变量取大于或等于样本中最小值的事件是必然事件，或者说样本的最小值一定是总体的最小值。这显然是不合乎实际的，因此用式（3－5）计算经验频率对总体来说是合适的，但对于样本系列则要进行修正。生产上计算样本的经验频率改用频率的数学期望公式计算，即

$$p=\frac{m}{n+1}\times 100\% \tag{3-9}$$

式中　p——随机变量取值大于或等于某值的经验频率；

m——系列按由大到小排序时，各值对应的序号；

n——观测资料的总项数，即样本系列的容量。

计算出样本各数值 x_i 对应的经验频率 p_i 后，点绘相应的坐标点（p_i，x_i），这些经验频率点据简称经验点据，目估过点群中心绘制一条光滑的累积频率曲线，在水文计算中把该曲线称为经验频率曲线。

【例 3－2】　选取表 3－1 中有代表性的 1970～2001 年降水量资料，计算并绘制该站年降水的经验频率曲线。

解： 按式（3－9）计算该站年降水量的经验频率（见表 3－3），并将其点绘在普通坐

标纸上，目估点群中心绘制的经验频率曲线，如图 3-4 所示。

表 3-3　　某站年降水量经验频率计算表

年份	x_i (mm)	序号 m	x_i (mm)	p (%)	年份	x_i (mm)	序号 m	x_i (mm)	p (%)
①	②	③	④	⑤	①	②	③	④	⑤
1970	528	1	841	3.0	1986	543	17	558	51.5
1971	802	2	802	6.1	1987	629	18	556	54.5
1972	554	3	784	9.1	1988	410	19	554	57.6
1973	643	4	745	12.1	1989	663	20	548	60.6
1974	592	5	726	15.2	1990	556	21	545	63.6
1975	586	6	672	18.2	1991	526	22	543	66.7
1976	745	7	663	21.2	1992	548	23	530	69.7
1977	841	8	643	24.2	1993	627	24	528	72.7
1978	386	9	629	27.3	1994	672	25	526	75.8
1979	565	10	627	30.3	1995	514	26	514	78.8
1980	623	11	623	33.3	1996	346	27	512	81.8
1981	558	12	592	36.4	1997	530	28	491	84.8
1982	585	13	586	39.4	1998	491	29	488	87.9
1983	784	14	585	42.4	1999	512	30	410	90.9
1984	561	15	565	45.5	2000	726	31	386	93.9
1985	488	16	561	48.5	2001	545	32	346	97.0

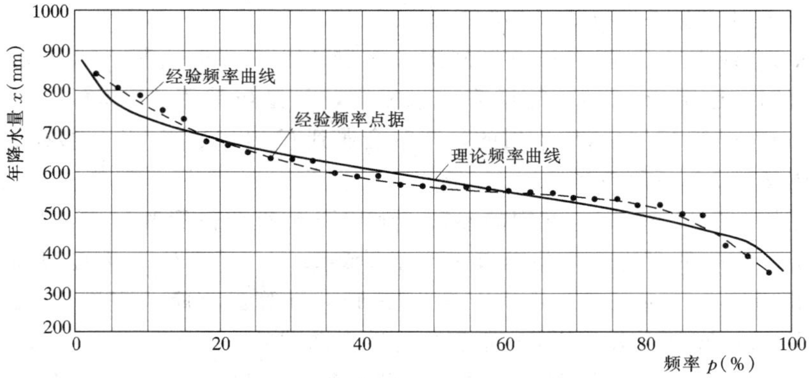

图 3-4　某站年降水量频率曲线图

四、理论频率曲线

上述经验频率曲线是过点群中心目估绘制的，曲线的形状会因人而异，尤其在经验点据分布较散时更是如此。另外，由于样本系列长度有限，据此点绘的经验频率点据往往集中在常遇频率的范围内，反映不出极小和极大频率的分布情况，若将曲线延长，则因无点子控制任意性更大，为了克服经验频率曲线的上述缺点，使样本的频率分析标准统一，便于综合比较，实际工作中常采用数学方程式来拟合经验频率点据，这种由数学方程式表达的频率曲线习惯上称为理论频率曲线。

数理统计学中有很多类型的分布曲线，究竟哪一条可以应用到水文上来，主要是看该曲线的形状与水文变量的分布规律是否吻合，其中皮尔逊Ⅲ型频率曲线应用的最为广泛，公认它和水文频率点据的配合较好。有的单位偶尔也采用前苏联的克里茨基—闵凯里频率曲线。由此可见，所谓的理论频率曲线，并不是从水文现象的物理成因方面推导出来的，它不能从根本上揭示水文现象的总体分布规律，只是作为一种数学工具，以达到规范和延长经验频率曲线的目的。

皮尔逊Ⅲ型频率曲线，简称 P—Ⅲ 型曲线。它是英国生物学家皮尔逊于 1895 年在分析大量实际资料的基础上建立起来的曲线簇中的一种线型，方程中除频率 p 和相应的变量 x_p 外，还包含三个统计参数，即均值 $\overline{x}$、变差系数 C_v 和偏差系数 C_s，其方程为

$$p=p(x\geqslant x_p)=F(x)=\int_{x_p}^{\infty}\frac{\left(\dfrac{2}{C_vC_s\overline{x}}\right)^{\frac{4}{C_s^2}}}{\Gamma\left(\dfrac{4}{C_s^2}\right)}\left(x-\overline{x}+\frac{2C_v}{C_s}\overline{x}\right)^{\frac{4}{C_s^2}-1}\mathrm{e}^{\frac{2}{C_vC_s\overline{x}}\left(x-\overline{x}+\frac{2C_v}{C_s}\overline{x}\right)}\mathrm{d}x$$

$$=f(x_p;\ \overline{x},\ C_v,\ C_s) \tag{3-10}$$

式中 $\Gamma\left(\dfrac{4}{C_s^2}\right)$——$\dfrac{4}{C_s^2}$的伽玛函数。

由于该方程比较复杂，直接求解是相当困难的。为了简化计算，经过数学推导，得出如下公式：

$$x_p=(1+C_v\Phi_p)\overline{x}=k_p\overline{x} \tag{3-11}$$

式中 Φ_p——离均系数，与 p 和 C_s 有关；

k_p——模比系数，与 p、C_v 和 C_s 有关。

现已把 Φ_p（或 k_p）与影响参数之间的关系制成了专用的查算表（见附表 1 和附表 2），以方便使用。选用 Φ_p 和 k_p 的计算结果相同，只是虽然用 k_p 计算 x_p 的公式简单，但查算表中的 C_s 是按 C_v 的倍比给出的，有时会遇到 C_v 和 C_s/C_v 两个参数的内插，比较麻烦。这时用 Φ_p 计算就简单多了。

可见，正如方程式 $y=ax+b$ 中的参数 a 和 b 决定直线位置和坡度一样，P—Ⅲ 型曲线是由三个统计参数决定的。只要知道三个统计参数 $\overline{x}$、C_v、C_s，就可以通过查表得到不同频率 p 相应的 Φ_p（或 k_p），然后由式（3－11）计算出相应的变量值 x_p，有了 p 和相应的变量值 x_p，就可绘出一条 P—Ⅲ 型理论频率曲线。

【例 3－3】 用表 3－3 年降水资料计算并绘制该站年降水量的 P—Ⅲ 型理论频率曲线。

解： 由表 3－3 年降水资料计算得到，$\overline{x}=584$mm，$C_v=0.19$，$C_s=0.35$。选取不同频率 p，由式（3－11）计算得出相应的年降水量 x_p，如频率 $p=1\%$时，由 $C_s=0.35$，查附表 1 得 $\Phi_p=2.58$，则 $x_{1\%}=$（$1+C_v\Phi_p$）$\overline{x}=$（$1+0.19\times2.58$）$\times584=870$（mm）。

具体见表 3-4。依此绘制的 P—Ⅲ型理论频率曲线如图 3-4 所示。

表 3-4　　某站年降水量理论频率曲线计算表

p (%)	①	1	5	10	20	30	40	50	60	70	80	90	95	99
Φ_p	②	2.58	1.74	1.31	0.82	0.48	0.20	−0.06	−0.31	−0.56	−0.85	−1.24	−1.54	−2.07
x_p (mm)	③	870	777	729	675	637	606	577	550	522	490	446	413	354

频率曲线点绘在等分格的普通坐标纸上，两端陡峭，曲度较大，难以外延，而生产上又经常使用稀遇频率或大频率。如在图 3-4 上很难查到 0.1%对应的年降水量 $x_{0.1\%}$。为了克服外延的这种困难，通常把等分格的横坐标改为中间密两边疏的不均匀分格，表示累积频率，这种坐标纸叫频率格纸［这种格纸的横坐标不是对数分格，而是正态分布的分格，见式（3-13）］，如图 3-5 所示。在频率格纸上绘制频率曲线，两端的坡度比在普通坐标纸上绘制大大变缓，对曲线的外延是较为有利的。

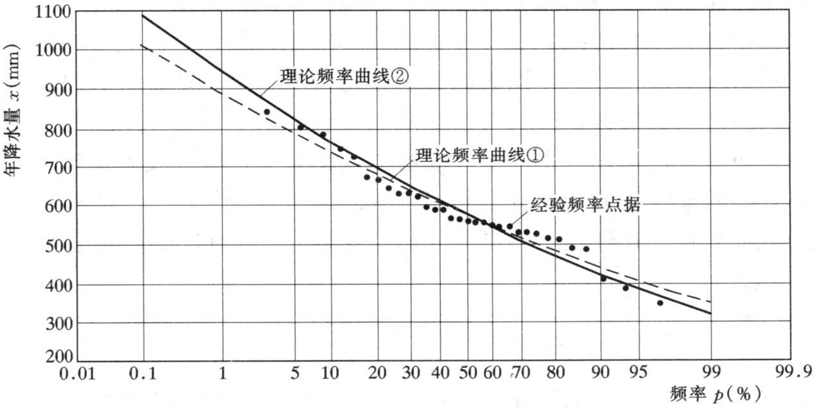

图 3-5　某站年降水量适线法频率计算图

第四节　适线法频率计算

一、适线法频率计算及其步骤

由上述可知，水文样本系列可以用样本的统计参数反映随机变量取值的数字特征，并可由统计参数惟一确定的 P—Ⅲ型理论频率曲线表示随机变量取值的频率特征。但是理论和经验表明，由矩法公式（3-1）～式（3-4）计算样本的统计参数抽样误差较大，算得的统计参数及其相应的 P—Ⅲ型理论频率曲线不能很好地反映总体的数字特征及总体的概率分布，生产上通常采用调整样本的统计参数及相应的 P—Ⅲ型理论频率曲线来拟合样本的经验点据，将与经验点据配合最好的理论频率曲线近似地作为总体的概率分布，相应的统计参数作为总体数字特征的最佳估计。这种通过调整理论频率曲线逼近经验频率点据来确定统计参数的方法在水文上称为适点配线法，简称适线法。

适线法的计算步骤如下：

（1）点绘经验点据。将审查后的水文样本资料按由大到小排队，按式（3-9）计算各值的经验频率，然后将（p_i，x_i）点绘在特制的频率格纸上。

（2）估算统计参数初值。根据样本资料系列，用矩法公式（3－1）和式（3－3）计算均值 $\overline{x}$ 和变差系数 C_v；作为适线的初值。至于偏差系数 C_s，用矩法公式计算的抽样误差很大，一般不用公式计算，而是根据经验选定 C_s 与 C_v 的倍比值（C_s/C_v）。

（3）适线。即由统计参数初值 $\overline{x}$，C_v，C_s，查附表 1 或附表 2，按公式（3－11）计算并绘制 P—Ⅲ型理论频率曲线，判断该曲线与经验点配合情况，若配合良好，则表明该线就是所求频率曲线。若配合不好，调整统计参数，再次适线，直至曲线与经验点配合最佳为止。因为矩法计算的 $\overline{x}$ 误差相对较小，主要是调整 C_v 和 C_s/C_v。把这条配合最佳的频率曲线作为采用曲线，相应于该曲线的统计参数便可看成是水文总体统计参数的最佳估计值。

由此可见，适线法层次清楚，图像明显，方法灵活，容易操作，所以在水文计算中广泛采用。这一方法不仅是由样本的统计参数估计总体的数字特征的一种有效方法。同时也是由样本的频率分布估计总体的概率分布的基本途径。

在实际工作中，有两种适线方法：一种是目估经验适线，通过主观判断，决定适线的优劣，此法虽然简单灵活，但适线因人而异，任意性大；另一种是计算机编程适线，把理论频率曲线与经验点据的拟合误差作为适线准则，优选统计参数，求得最佳的拟合曲线，但是这种方法不便处理样本资料中的特大或特小水文数据，很难反映设计人员的经验。

目前广为普及的电子表格 Excel 软件用于频率适线，可以很好地解决上述问题，例 3－4 就是用 Excel 软件的适线结果。其中，离均系数 Φ_p 可直接由内置函数 GAMMAINV 算出，其计算公式为

$$\Phi_p = \frac{C_s}{2}\mathrm{GAMMAINV}\left(1-p,\ \frac{4}{C_s^2},\ 1\right)-\frac{2}{C_s} \tag{3-12}$$

用内置函数 NORMSINV 将频率 p_i（%）的直角坐标转换成频率格纸的横坐标 D_i，其计算公式为

$$D_i = -\mathrm{NORMSINV}(p_0)+\mathrm{NORMSINV}(p_i) \tag{3-13}$$

式中　p_0——频率格纸坐标原点对应的频率。

必须指出，适线法得到的成果仍具有抽样误差，而这种误差目前还难以精确估算。为了最大限度地减少适线法的抽样误差，应尽量增大样本容量，以扩大样本系列的代表性。水文计算有关规范规定，工程所在地区应具有 30 年以上的实测和插补延长资料的频率计算成果方可考虑采用。另一方面，对于工程上最终采用的频率曲线和相应的统计参数，不仅要从水文统计方面分析，而且还要密切结合水文现象的物理成因及地区分布规律进行综合分析和论证。

【例 3－4】　资料同例 3－2，试用适线法求估计总体的统计参数。

解：（1）计算样本系列的经验频率，见表 3－3，并将其点绘在频率格纸上，见图 3－5。

（2）计算样本系列的统计参数，见例 3－3。

（3）适线，用均值 $\overline{x}$＝584mm，变差系数 C_v＝0.20，取 C_s/C_v＝2.0，作为初试值，进行适线，如图 3－5 中的①线，可见与经验点据配合不好，主要原因是 C_v 偏小。因此将

C_v 调整到 0.23，再适线，如图 3－5 中②线，与经验点据配合较好，②线即为所求的理论频率曲线，其对应的三个参数 $\overline{x}=584$mm，$C_v=0.23$，$C_s=2.0C_v$ 即是总体统计参数的最佳估计值。以上适线计算过程见表 3－5 和图 3－5。

表 3－5　某站年降水量频率计算表（$\overline{x}$＝584mm）

参数		p（%） 1	5	10	20	30	40	50	60	70	80	90	95	99
$C_v=0.20$ $C_s=2.0C_v$	Φ_p	2.62	1.75	1.32	0.82	0.47	0.19	－0.07	－0.31	－0.57	－0.86	－1.23	－1.52	－2.03
	x_p	892	791	740	681	641	608	578	549	519	485	441	407	348
$C_v=0.23$ $C_s=2.0C_v$	Φ_p	2.66	1.76	1.32	0.81	0.46	0.18	－0.08	－0.32	－0.57	－0.86	－1.22	－1.50	－1.98
	x_p	943	823	763	695	648	610	575	542	508	470	421	383	318

二、如何调整统计参数

P—Ⅲ型理论频率曲线由统计参数惟一确定，适线时为了避免调整参数的盲目性，需要了解统计参数 $\overline{x}$、C_v、C_s 对 P—Ⅲ型曲线形状和位置的影响。

1. 均值 $\overline{x}$ 对 P—Ⅲ型曲线的影响

当 C_v、C_s 一定时，根据式（3－11），均值 $\overline{x}$ 变化主要影响曲线的高低，均值增大，曲线统一升高；反之，均值减小，曲线统一降低。如图 3－6（*a*）所示。

2. 变差系数 C_v 对 P—Ⅲ型曲线的影响

当 $\overline{x}$、C_s 一定时，变差系数 C_v 变化主要影响曲线的陡缓程度。C_v 值愈大，则曲线愈陡。即左端部分上升，右端部分下降；$C_v=0$ 时，曲线变成一条 $k=1$ $\left(模比系数 k=\frac{x}{\overline{x}}\right)$ 的水平直线，如图 3－6（*b*）所示。

3. 偏差系数 C_s 对 P—Ⅲ型曲线的影响

当 $\overline{x}$、C_v 一定时，在 $C_s>0$（正偏）的情况下，偏差系数 C_s 变化主要影响曲线的弯曲程度。C_s 增大时，曲线变弯，即两端部上翘，中间下凹；当 $C_s=0$ 时，曲线变成一条直线。如图 3－6（*c*）所示。

三、频率计算在工程水文中的应用

（一）水文设计值的推求

工程水文计算的主要任务就是依据工程所在流域已经发生的水文过程预估工程未来使用期限的水文过程，并在此基础上进行径流调节计算，从而确定工程的规模和尺寸。如果工程计划使用 100 年，那么就要对未来 100 年的水文过程作出预测，这种时间尺度的水文过程受很多不确定因素影响，随机性占主导地位，无法用成因分析法准确预报水文变量的大小和出现的具体时间，而只能基于统计规律，运用水文统计的方法对未来的水文过程进行“概率预估”。以洪水为例，我们不能准确地预测出工程使用期所发生的洪水大小和具体时间，但我们可以通过现有的洪水资料，推算出未来某一级别的洪水出现的可能性（频率或重现期）有多大；换句话说，可推算出符合某一频率（或重现期）的洪水有多大。如估计出该工程位置处洪水的洪峰流量大于或等于 1000m^3/s 的可能性（频率）是 1%，即该工程位置处未来发生百年一遇的洪水的洪峰流量为 1000m^3/s，可表示为：$p=1\%$，

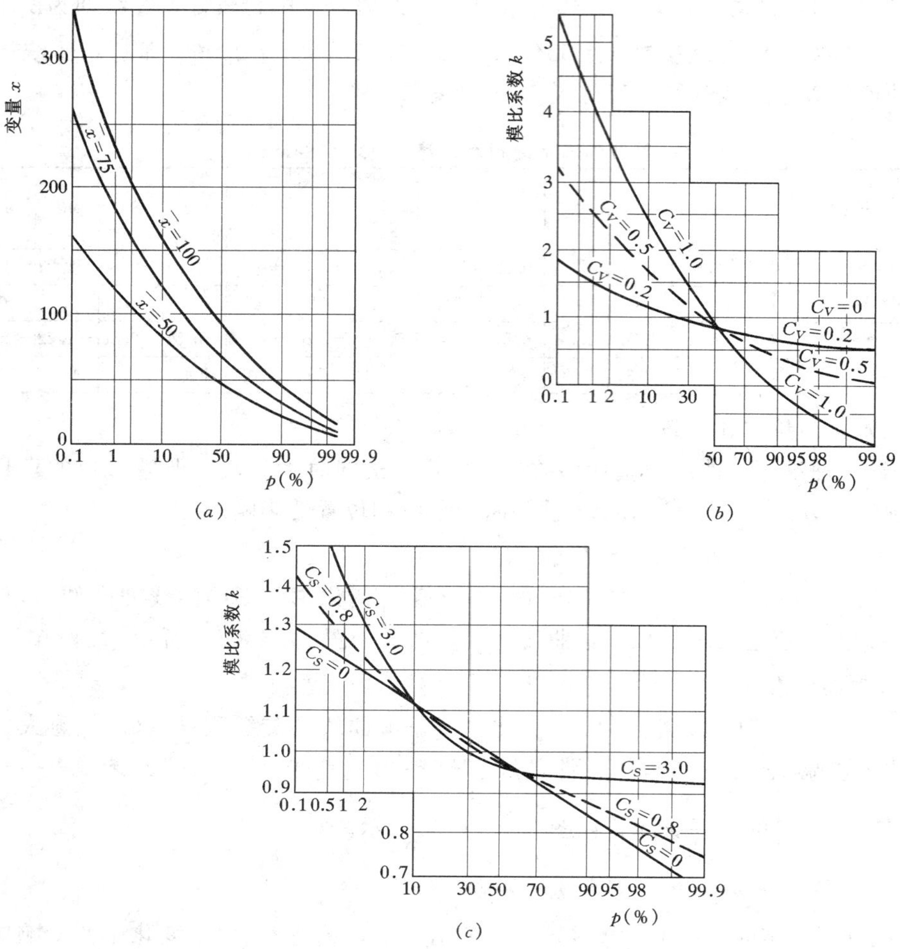

图 3－6　统计参数对频率曲线的影响

(a) $\overline{x}$ 对频率曲线的影响；(b) C_v 对频率曲线的影响；(c) C_s 对频率曲线的影响

$Q_p=1000\text{m}^3/\text{s}$，或 $Q_{1\%}=1000\text{m}^3/\text{s}$。生产上通常把对未来水文值的估计称为设计值，那么我们是如何由历史洪水资料估计该工程位置处未来发生频率1%（即百年一遇）洪水的洪峰流量为 $1000\text{m}^3/\text{s}$ 的呢？这就是上节讲到的频率计算。

作为由样本资料估算总体统计参数和探求总体概率分布的一种有效方法，频率计算是完全可以用来推求水文设计值的。因为未来水文过程也是水文总体过程的一部分，对未来水文设计值的估计，仅相当于是对通过频率计算逼近的水文总体的概率分布的内插或外延。对于洪水，我们可以把洪峰流量看成是随机变量，每年出现的洪峰流量相当于随机变量取值，构成洪峰流量样本系列，用适线法估算洪峰流量总体的统计参数和概率分布，在最终选定的理论频率曲线上，过横轴上 $p=1\%$ 做纵轴的平行线，与频率曲线交点的纵坐标即是洪峰流量的设计值 $1000\text{m}^3/\text{s}$。

水利水电等工程的使用期限很长，对工程未来使用期限内的水文情势目前只能作概率预估，所以频率计算是我国目前水利水电等工程建设和管理中，推求未来水文情势及水利计算的最基本方法。

尽管样本资料总会带有一定的抽样误差，总体概率分布规律未知，以及适线法频率计算在理论上还存在着缺陷，但是由于人们对水文规律的认识还很有限，目前尚没有其它更为科学、更为简便的计算方法。为了克服频率计算方法的不足，常常用成因分析的方法对其结果进行合理性检查或修正。

（二）设计标准

由上述可知，水文变量具有随机性，符合统计规律，呈现频率分布特征，工程未来使用期限内的水文情势的估计是建立在频率基础上的，所选的频率不同，估计未来径流，即径流的设计值就不同，相应地重新分配未来河川径流以兴利除害的水利水电工程的规模，以及经过工程调节后的径流量就不同，这样，各兴利部门的用水保证程度和水利水电工程自身、下游防护对象遭受破坏的程度也就不同。以频率或重现期表示的用水保证程度和工程本身、下游防护对象遭受破坏的程度被称为设计标准，工程规模是由设计标准决定的，水利水电枢纽工程广义上的设计标准分为兴利标准和防洪标准两种。

1. 兴利标准

兴利标准是用设计保证率来表示的。兴利的内涵非常广泛，通常包括灌溉、发电、城市供水、航运、养殖等。若要最大程度地满足各个用水部门的用水要求，就需要工程规模大一些，因而造成投资增大；而多追加的投资和增收的效益相比，是否经济合理，这就要进行分析评价。如果增收的效益远比追加的投资小，就没必要把工程修得很大。因此，在水利水电工程规划设计时，一般不要求百分之百地满足各个用水部门的用水需要，而是允许适当断水或减少供水量，这就要求研究各用水部门允许减少供水的可能性和合理范围，定出在多年工作期间，用水部门的正常用水得到保证或用水不破坏的程度，这一保证用水或用水不破坏的程度就是设计正常用水保证率，简称为设计保证率。

设计保证率是指各用水部门在未来长期内，按规定用水量保持正常工作而不受破坏的频率。设计保证率的选定，实质上是一个确定缩减用水合理程度的经济权衡问题。设计保证率若选得过低，则正常用水遭受破坏的机会将增加，从而引起国民经济的损失。相反，设计保证率若选得过高，虽然用水部门用水保证率得到提高，但要增加工程投资和其它费用，使工程效益和投资的比例减小。因此，设计保证率应该通过技术经济比较分析，并考虑其它影响来选择。然而这种经济论证，无论在方法上还是技术上都很复杂，目前还难以做到。在实际工作中，设计保证率是通过国家规范的形式，根据各部门的用水性质、要求和重要性，以及生产实践中所积累的经验来确定。

灌溉和水力发电的兴利标准如表 3-6 和表 3-7 所示。其它用水部门的兴利标准参照

表 3-6　灌溉设计保证率

地　区	作物种类	灌溉设计保证率（%）
缺水地区	以旱作物为主	50～75
	以水稻为主	70～80
丰水地区	以旱作物为主	70～80
	以水稻为主	75～95

表 3-7　水电站设计保证率

电力系统中电站容量比重（%）	25 以下	25～50	50 以上
水电站设计保证率（%）	80～90	90～95	95～98

有关规范选用。

2. 防洪标准

水利水电枢纽工程除了兴利外，另一主要作用就是防洪。根据部颁规范 GB50201—94《防洪标准》，防洪标准是指防护对象防御洪水能力相应的洪水标准。这里的防护对象不仅指自身没有防洪能力需要采取防洪措施的保护对象，如城市、乡村、工矿企业等，还包括能保护其它防护对象安全的水利水电工程的本身，如水库、堤防等。防洪标准原则上应在准确预报未来洪水的基础上，通过投资效益综合经济分析来选定。然而和确定设计保证率一样，这是很难做到的。所以，只能采用统一规定的洪水频率（重现期）作为防洪标准。根据工程的重要性以及社会经济等综合因素，仍然以规范的形式给出。

我国现行的防洪标准分为设计一级标准和设计、校核两级标准两种情况。根据防护对象的不同，其防洪标准可采用设计一级或设计、校核两级。这里的设计标准是指当出现小于或等于这种标准的洪水（设计洪水）时，应保证防护对象的安全或防洪设施的正常运行。校核标准是指遇该标准相应的洪水（校核洪水）时，采取非常运用的措施，在保障主要防护对象和主要建筑物安全的前提下，允许次要建筑物局部或不同程度地损坏，次要防护对象受到一定的损失。

我国水利水电工程的等别及水工建筑物的级别如表 3-8 和表 3-9 所示。水工建筑物及主要防护对象的防洪标准如表 3-10 和表 3-11 所示。

表 3-8　水利水电枢纽工程的等别

工程等别	水库		防洪		治涝	灌溉	供水	水电站
	工程规模	总库容（亿 m^3）	城镇及工矿企业的重要性	保护农田（万亩）	治涝面积（万亩）	灌溉面积（万亩）	城镇及工矿企业的重要性	装机容量（万 kW）
Ⅰ	大（1）型	≥10	特别重要	≥500	≥200	≥150	特别重要	≥120
Ⅱ	大（2）型	10～1.0	重要	500～100	200～60	150～50	重要	120～30
Ⅲ	中型	1.0～0.1	中等	100～30	60～15	50～5	中等	30～5
Ⅳ	小（1）型	0.1～0.01	一般	30～5	15～3	5～0.5	一般	5～1
Ⅴ	小（2）型	0.01～0.001		≤5	≤3	≤0.5		≤1

表 3-9　水工建筑物的级别

工程等别	永久建筑物级别		临时建筑物级别	工程等别	永久建筑物级别		临时建筑物级别
	主要建筑物	次要建筑物			主要建筑物	次要建筑物	
Ⅰ	1	3	4	Ⅳ	4	5	5
Ⅱ	2	3	4	Ⅴ	5	5	
Ⅲ	3	4	5				

表 3-10　　水库工程水工建筑物及水电站厂房的防洪标准

水工建筑物的级别	水库工程水工建筑物的洪水重现期（年）					水电站厂房的洪水重现期（年）	
	山区、丘陵区			平原区、滨海区		设计	校核
	设计	校核		设计	校核		
		混凝土坝、浆砌石坝及其它水工建筑物	土坝、堆石坝				
1	1000～500	5000～2000	可能最大洪水或10000～5000	300～100	2000～1000	＞200	1000
2	500～100	2000～1000	5000～2000	100～50	1000～300	200～100	500
3	100～50	1000～500	2000～1000	50～20	300～100	100	200
4	50～30	500～200	1000～300	20～10	100～50	50	100
5	30～20	200～100	300～200	10	50～20	30	50

表 3-11　　主要防护对象的防洪标准

等级	城市			乡村			工矿企业	
	重要性	非农业人口（万人）	洪水重现期（年）	防护区人口（万人）	耕地面积（万亩）	洪水重现期（年）	企业规模	洪水重现期（年）
1	特别重要	≥150	≥200	≥150	≥300	100～50	特大型	200～100
2	重要	150～50	200～100	150～50	300～100	50～30	大型	100～50
3	中等	50～20	100～50	50～20	100～30	30～20	中型	50～20
4	一般	≤20	50～20	≤20	≤30	20～10	小型	20～10

第五节　相　关　分　析

一、相关分析的基本概念

上述样本系列的数字特征和频率特征分析只是一种随机变量的变化规律，实际上我们还经常遇到两种或两种以上的随机变量，这些随机变量之间存在着一定的相互联系，只是这种联系有的紧密，有的松散。我们略去联系松散的随机变量，找出联系紧密的随机变量，如降水与径流、上游流量与下游流量、同一气候区相邻两流域的水文要素等。即使联系紧密的随机变量之间的关系通常也表现出不确定性，如将两个随机变量相应取值点绘在图上，点群的分布不在一条线上，无法用函数的关系来准确地表示，但也不是杂乱无章，无序可循，点群的分布常表现为有规律的带状分布，这种分布趋势可以用某一数学曲线或直线来近似地拟合，两个或两个以上随机变量之间的这种关系，称为相关关系。

相关分析，就是研究随机变量之间的相关关系，并用相关直线、曲线或与其相应的数学关系式来描述这种关系。在水文分析计算中进行相关分析的目的，就是在水文变量间相关关系的基础上，借助长系列样本对短系列样本进行插补和延长，以减小短系列样本的抽样误差，提高短系列样本的代表性和频率计算成果的可靠性。

两个随机变量的相关称为简单相关，多个随机变量的相关称为复相关。相关关系中按点群分布趋势可分直线相关和曲线相关。在水文分析计算中应用最多的是简单直线相关。

二、简单的直线相关

简单直线相关即两个变量间的直线相关。设两个水文变量 x、y 的同步（期）观测资料系列有 n 对（x_i、y_i，$i=1$、2、…、n），以变量 x 为横坐标，变量 y 为纵坐标，将相关点（x_i，y_i）点绘到方格纸上，根据点子的分布情况判断是否属直线相关，如果呈直线相关，则可用下述直线方程来表示

$$y=a+bx \tag{3-14}$$

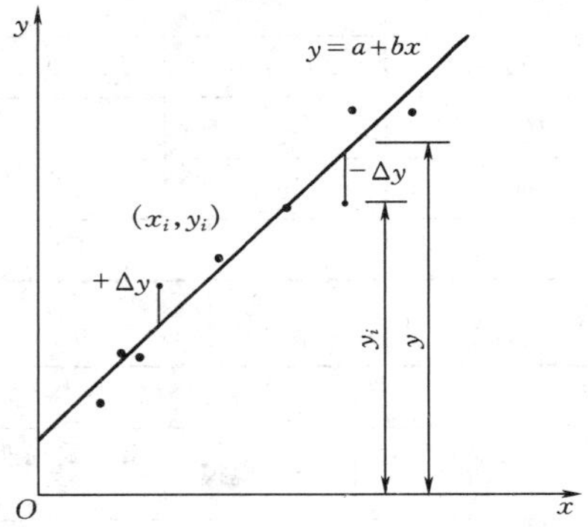

图 3-7　直线相关示意图

式中，a、b 为待定系数。a 为直线在纵轴上的截距，b 为直线的斜率，它们可分别用图解法和计算法求出。

在数学上，式（3-14）称为因变量 y 倚自变量 x 的回归方程，相应的相关直线称为回归线，因此随机变量间的相关分析也称回归分析。回归分析中把自变量称为“元”，上述两个变量间的相关分析称为一元回归分析。

（一）直线相关图解法

该法是将相关点（x_i，y_i）点绘到方格纸上，过点群中心目估定相关直线，并以经过均值点（$\overline{x}$，$\overline{y}$）为控制，使相关点均匀分布在相关线的两侧，且尽量使 $\sum(+\Delta y_i)$ 与 $\sum(-\Delta y_i)$ 的绝对值都最小，如图 3-7 所示。对于个别突出点应单独分析，查明偏离原因，予以适当考虑。

相关直线定好后，便可在图上查读相关直线的斜率 b 和在纵轴上的截距 a。

【例 3-5】　某设计流域的雨量站（简称设计站）有 13 年（1989～2001 年）实测年降水量资料。同一气候区、自然地理条件相似区域内的一邻近雨量站有 64 年（1938～2001 年）降水量资料，如表 3-1 所示，经分析代表性较好。两站年降水量同步观测资料系列见表 3-12。试用直线相关图解法建立相关直线及其回归方程式，并将设计站年降水量资料系列延长。

表 3-12　　**某地甲、乙站年降水量表**

年份	①	1986	1987	1988	1989	1990	1991	1992	1993	1994	1995	1996	1997	1998	总和	平均
参证站 x（mm）	②	663	556	526	548	627	672	514	346	530	491	512	726	545	7256	558
设计站 y（mm）	③	728	596	599	610	773	847	496	412	652	560	535	717	560	8085	622

解：（1）将设计站的年降水量用 y 表示，邻近雨量站作为参证站，其年降水量用 x 表示。

（2）点绘相关图。以 y 为纵坐标，x 为横坐标，定好比例，将表 3-12 中②、③栏同步系列对应的数值点绘在图 3-8 上，共得到 13 个相关点，并由表 3-12 的资料计算：

$$\overline{x}=\frac{1}{n}\sum_{i=1}^{n}x_i=\frac{1}{13}\times 7256=558\text{（mm）}$$

$$\bar{y}=\frac{1}{n}\sum_{i=1}^{n}y_i=\frac{1}{13}\times 8085=622\ (\text{mm})$$

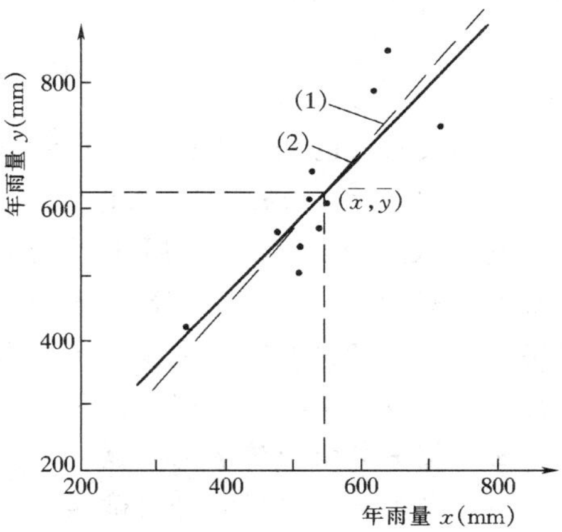

图 3-8　某设计站和参证站年降水量相关图

(1) —图解法；(2) —计算法

(3) 绘相关直线。从图上看出，相关点分布基本上呈直线趋势，可过点群中心，即考虑点子分布在直线两边的数目大致相等，并且目估纵向正负离差分布均匀，过均值点（558，622）定出一条直线。

(4) 建立直线方程。根据所绘直线，在图上查算出参数 $a=8$，$b=1.11$，则直线方程式为：$y=1.11x+8$。

(5) 延长设计站年降水量资料系列。将参证站的年降水量 x_i 分别代入直线方程，可求出设计站相应的年降水量 y_i，计算结果略。

（二）直线相关计算法

相关图解法虽然简单明了，但在相关点较少或者分布较散时，目估定线往往有较大的偏差。所以实际工作中常用相关计算法。它和图解法的主要区别是：根据实测同步资料用数学公式计算求得直线方程 $y=a+bx$ 中的参数 a 和 b，从而得到相关直线的回归方程。根据数学中最小二乘法原理，经过一定的推导得出以下计算公式：

$$b=r\frac{\sigma_y}{\sigma_x} \tag{3-15}$$

$$a=\bar{y}-b\bar{x} \tag{3-16}$$

式中　$\bar{x}$、$\bar{y}$——同步系列的均值，$\bar{x}=\frac{1}{n}\sum_{i=1}^{n}x_i$，$\bar{y}=\frac{1}{n}\sum_{i=1}^{n}y_i$；

σ_x、σ_y——同步系列的均方差，$\sigma_x=\sqrt{\frac{\sum_{i=1}^{n}(x_i-\bar{x})^2}{n-1}}$，$\sigma_y=\sqrt{\frac{\sum_{i=1}^{n}(y_i-\bar{y})^2}{n-1}}$；

r——相关系数，表示两个变量之间关系的密切程度。

相关系数是用来反映两个变量之间关系密切程度的指标。当 $r=0$ 时，表示两个变量间无关系；当 $r=\pm 1$ 时，表示两个变量间呈函数关系，当 $0<|r|<1$ 时，两个变量属相关关系，且 $|r|$ 愈大，表明关系愈密切。其中 $r>0$ 为正相关，表示 y 随 x 的增大而增大，$r<0$ 为负相关，表示 y 随 x 的增大而减小。相关系数的计算公式如下

$$r=\frac{\sum_{i=1}^{n}(x_i-\bar{x})(y_i-\bar{y})}{\sqrt{\sum_{i=1}^{n}(x_i-\bar{x})^2\sum_{i=1}^{n}(y_i-\bar{y})^2}} \tag{3-17}$$

【例 3-6】　资料同例 3-5，用相关计算法求相关直线的回归方程，并将设计站年降水量系列延长。

解：(1) 用式（3-17）计算设计站和参证站年降水量的相关系数 $r=0.87$，表明两者的相关关系比较密切。

(2) 用表 3-12 的资料计算 $\sigma_x=96\text{mm}$，$\sigma_y=119\text{mm}$，代入式（3-15）、式（3-16）

计算相关直线回归方程中的参数：

$$b=r\frac{\sigma_y}{\sigma_x}=0.87\times\frac{119}{96}=1.078 \quad a=\overline{y}-b\overline{x}=622-1.078\times 558=20.5$$

则相关直线的回归方程为：$y=1.078x+20.5$。

（3）用 $y=1.078x+20$ 将设计站年降水量系列延长，计算过程略。

电子表格 Excel 软件用于计算二变量直线回归的方法很多，可用 INTECEPT、SLOPE、CORREL、STEYX 直接输出回归方程的截距、斜率、相关系数和预测标准差；或用多元回归和自回归函数 LINEST 输出回归结果数组；也可用菜单“工具”→“数据分析”→“分析工具”→“回归”进行回归分析的详细计算与输出。

三、相关分析应注意的问题

（1）必须分析变量间是否确实存在着成因上的联系，这是相关分析的基本条件。由于相关系数 r 不是从物理成因上推导出来的，因此决不可由数字上的表面联系，把物理成因上毫无关系的两个变量认为有相关关系，即伪相关。同时要防止通过某种处理（如加入某个共同因子），把两个本来无关的随机变量处理成相关关系，即假相关或辗转相关。

（2）在相关分析中，一般要求同步资料系列在 10 对以上，相关系数 r 的绝对值在 0.8 以上，才认为两变量的直线关系密切，从而推求其相关直线的回归方程，展延短缺的水文资料。但延长的水文资料不能过多，一般不宜超过实际幅度的 30%。

（3）由于相关系数 r 是从直线拟合点据的误差概念（最小二乘法原理）推导出来的，因此 r 较小时，只表明两变量间无直线关系存在，但有可能存在曲线关系。此时应根据相关图上点群分布规律目估过点群中心定相关曲线，并可用对数方程、指数方程或多项式等进行曲线拟合，比如水位流量关系就是一种最常见的曲线相关。

此外，复相关也是水文上常用的相关形式。由于它的相关分析比较复杂，实际工作中通常采用图解法定相关线。如第五章将要介绍的三变量降雨径流相关图就属于复相关。

思考题与练习题

1. 为什么要用数理统计法分析水文资料，其依据是什么？
2. 什么是随机变量？如何分析随机变量取值的特征？
3. 在水文分析计算中为什么要选样？如何对样本资料进行审查？
4. 什么是统计参数？各种统计参数的物理意义是什么？
5. 试分析概率、频率和重现期的区别与联系。
6. 理论频率曲线有什么作用？如何绘制理论频率曲线？统计参数对频率曲线有什么影响？
7. 什么是抽样误差？水文分析计算为减少抽样误差做了哪些努力？
8. 适线法频率计算的步骤如何？其实质是什么？它在水利水电工程规划设计中有何作用？
9. 设计标准的含义是什么？水利水电枢纽工程的兴利标准和防洪标准如何确定？它们和工程规模的关系如何？

10. 某随机变量 x 的各时刻观测值如题表 3－1 所示。

(1) 分析该随机变量取值的数字特征。

(参考答案：均值为 10，C_v 为 0.327，C_s 为 0)

(2) 分析该随机变量取值的频率特征。

(提示：按例 3－1 的步骤，绘制随机变量的频率密度曲线和累积频率分布曲线)

(3) 用适线法选配 P—Ⅲ型理论频率曲线，会出现什么现象？为什么？

题表 3－1　　某随机变量各时刻取值表

时刻	1	2	3	4	5	6	7	8	9	10	11	12	13	14	15	16
x	14	10	6	10	12	8	16	10	8	6	12	8	4	14	10	12

11. 设计流域的坝址断面处有 15 年的年降雨量和 12 年的年径流资料，如题表 3－2 所示。分别用相关分析图解法和计算法，用年降雨量资料延长 1951～1953 年的年径流量。

题表 3－2　　某站年降雨量和年径流量资料表　　单位：mm

年　份	1951	1952	1953	1954	1955	1956	1957	1958	1959	1960	1961	1962	1963	1964	1965
年降雨量	1195	1330	995	2014	1211	1728	1157	1257	1029	1306	1029	1316	1356	1266	1052
年径流量				1362	728	1369	695	720	534	778	337	809	929	796	383

(参考答案：回归方程为 $y=1.046x-583$，1951～1953 年的年径流量分别为 668mm、809mm、457mm)

第四章　年径流的分析与计算

第一节　概　　述

一、年径流及其特性

径流的天然变化过程往往与用水部门如灌溉、发电、航运、城市和工业用水等的用水要求存在矛盾。为了解决这一矛盾，就需要在河流上修建水利水电工程，对天然径流过程加以人工调节或控制，以满足各用水部门的要求。由于用水部门的用水和工程相应的径流调节通常是以年为周期的，故以供水为目的而进行的径流分析和预测也是以年为时段的。在一个年度内，通过河流某一断面的水量，称为该断面以上流域的年径流量，简称为年径流。年径流可以用年平均流量（m^3/s）、年径流总量（m^3）、年径流深（mm）和年径流模数［$m^3/(s\cdot km^2)$］表示。年径流量的多年平均值叫做多年平均年径流量，它是一个比较稳定的数值，反映河川径流蕴藏量的一个重要水文特征。

在水文年鉴和水文资料数据库中，年径流资料是按照日历年统计的。年径流的特征值及其年内变化均列在"逐日平均流量表"中。为了尽量消除相邻年间年径流的相关关系，使年径流样本系列满足随机独立的要求，以便采用如频率计算等现行水文计算方法。在水文水利计算中，年径流通常是按照水文年度或水利年度统计的。由于我国南北气候的差异，水文年度或水利年度起止日期不一致，各地均有具体规定。

根据实测资料的统计分析，年径流的变化具有以下特性。

(1) 年径流的年内变化，按水文年度统计，表现为明显的汛期和非汛期（也称枯水期）。一般汛期水量大而且变化剧烈；非汛期水量小而且变化平稳，并且各年汛期和非汛期起讫日期、历时长短不会完全一致。但为便于统计分析通常都取为一致。年径流的年内变化也称年径流的年内分配，通常用月（旬）平均流量过程线、月（旬）径流量过程线或月（旬）径流量占年径流量的百分数表示。

(2) 年径流的年际变化表现为丰水年、平水年、枯水年交替出现的现象。一般将年径流量值大于多年平均年径流量的年份称为丰水年，年径流量值接近多年平均年径流量的年份称平水年，年径流量值小于多年平均年径流量的年份称为枯水年。丰水年、平水年、枯水年在实际径流变化过程中，并非规则地交替出现，有时可能连续出现几个丰水年，也有时可能连续出现几个枯水年或平水年，但总的变化趋势是交替出现的。

二、影响年径流的因素

为了分析年径流量及其变化规律，必须探讨影响年径流的因素。从闭合流域水量平衡方程式 $y=x-E+\Delta W$ 可以看出，影响年径流的因素主要为气候因素和流域下垫面因素。

（一）气候因素

气候因素中的年降水量和年蒸发量对径流的影响作用非常明显，但两者对年径流的影响程度在不同的地区有不同的情况。一般在南方湿润地区，年径流量与年降水量之间的关系较为密切，年径流的年内变化与年降水量的年内变化也具有较好的一致性，说明年降雨量对年径流量起着决定性作用。在北方干旱地区，径流量与年降水量之间的关系不很密切，年降水量和年蒸发量都对年径流起着相当大的作用。

以冰雪融化补给为主的河流，其年径流量的大小主要取决于前一年的降雪量和当年的气温。

（二）流域下垫面因素

流域下垫面因素主要包括地形、土壤、地质、植被、湖泊、沼泽和流域面积等。这些因素对年径流的影响，一方面表现在对流域蓄水量变化量 ΔW 的影响上；另一方面表现在对气候因素的影响而间接影响年径流。

(1) 地形主要通过对降水和蒸发等气候因素的影响间接对年径流量发生影响。一般情况下，同一地区降水量随高程的增加而增大；蒸发量随着高程的增加而减小。但也有一些资料表明，流域高程增加到一定高度后，年降水量不再增加而有减小的趋势。

(2) 土壤和地质条件主要通过蒸发和下渗影响年径流量。土壤的结构和透水岩层的厚薄，直接影响流域地下储水量的多少和调节能力的大小。在具有深厚含水层的地区，由于形成的巨大地下水库，使径流的年内、年际变化变幅减小。

(3) 植被的影响，主要表现在森林地区对地面径流和地下径流的分配上，植被率高，增大了地下径流的比例，使年径流变化趋于均匀。另外，在森林地区植物的散发作用也较强，从而有减小年径流的趋势。

(4) 湖泊、沼泽对年径流的影响，一方面表现为增大蒸发量使年径流减小，特别在干旱地区尤为明显。另一方面，表现为增加流域的调蓄能力，使年径流的年内变化趋于均匀。

(5) 流域面积的大小对年径流的影响，主要表现在对流域蓄水量的调节而影响年径流的变化。一般流域面积大，其调节能力强，可使径流的年际、年内变化幅度减小。

除了气候因素和下垫面因素外，人类活动对年径流的影响也越来越大。它主要表现在各种水利水电工程和水保生态工程上，短期改变流域的下垫面条件，影响年径流量及年际、年内变化；长期而言，可以在一定程度上改变局部气候条件而影响年径流。这一问题也将愈来愈为人们所重视。

三、年径流计算的任务和内容

年径流的年际、年内变化的特性，对水资源的利用和确定工程规模均有不同的影响。如丰水年的降水量多，河流的水量丰富，且作物要求的灌溉水量较小，来水与用水的矛盾不突出，解决这种丰水年份的灌溉要求，所需的工程规模（如水库的库容）较小。相反，枯水年份，降水量小，河流的水量也较枯，并且由于气温高，蒸发量大，作物要求的灌溉水量很大，来水与用水的矛盾就很突出。为了满足这种枯水年份的灌溉要求，水库的库容就要大一些。

在同样的干旱年份，即使年来水量相同，但由于径流的年内分配不同，对库容大小也有影响，如图 4－1 所示。a，b 两年的年平均流量相同，但 b 年的径流年内分配（概化为丰、枯两季）较 a 年均匀，因此两年所需水库的供水量也就不同，往往径流年内分配不均匀的年份所需库容较大，即 $V_a > V_b$。

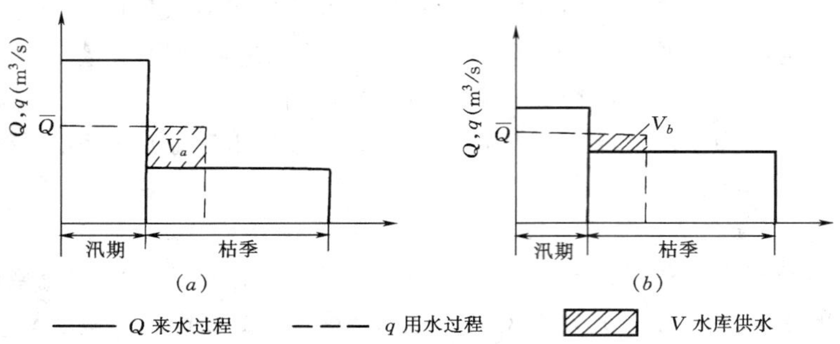

图 4-1　径流年内分配对库容影响示意图

由此可见，在规划设计阶段，水利水电工程的规模是由来水、用水和希望解决来用水矛盾的程度（设计保证率）来决定的。而年径流计算的目的是满足国民经济各部门的需水要求，提供设计条件下所需的年径流资料。符合一定设计标准的年径流就称为设计年径流。设计年径流计算任务就是分析和预测工程使用期限内的年径流及其变化，为合理确定水利水电工程规模提供正确的水文依据。由于水利水电工程调节性能的差异和采用的径流调节计算方法的不同，要求提供的设计年径流的形式也有所不同，一般可归纳为下述两大类。

（1）长期年、月径流系列。这里的年、月径流系列是经水文年（或水利年）度划分重新整理计算的，目的是为水利计算中长系列操作法确定工程规模所提供的一种年径流及其时程分配。

（2）代表年的年径流量及其年内分配。代表年分为实际代表年和虚拟代表年（也称设计代表年）两种。把实际代表年或虚拟代表年的年径流及其年内分配作为工程未来某一设计标准的来水。在实际工作中，代表年又分为丰水年、平水年、枯水年三种情况，以作为径流调节计算代表年法所需的基本资料。

第二节　具有实测径流资料时设计年径流的计算

对具有相当长的实测径流系列，在系列中包括丰、平、枯的各种来水组合情况，并且能够反映设计断面径流的长期变化特征，通常称为具有充分实测径流资料，或称具有长期实测径流资料。当设计断面具有一定长度（$n<20$ 年）的观测资料，但尚不能全面反映径流的长期变化特征，却可通过一定的方法和手段对资料进行插补展延，使其满足或达到具有长期资料的要求时，通常称之为资料不足或叫做具有短期实测资料。当设计断面完全没有径流观测资料或虽具有一些观测资料但其系列长度过短，不但不能反映径流长期变化特征，而且也无法进行插补展延时，称之为缺乏资料。对于不同的资料情况将采用不同的年径流分析计算方法。本节介绍前两种资料情况的设计年径流的计算。

一、径流资料的选取与审查

（一）径流资料的选取

对工程所在断面的实测径流资料进行收集整理。20 世纪 80 年代及以前的资料可在水文年鉴上查抄，90年代以后的资料均在水文局的水文数据库中查得。统计整理列出历年逐月的流量资料系列，如表4-1所示。

表4-1　某站实测年、月径流系列表　单位：m^3/s

年份＼月	1	2	3	4	5	6	7	8	9	10	11	12	$Q_年$
1957	4.30	2.53	11.3	7.53	18.4	8.01	2.39	6.17	15.6	7.21	1.40	1.29	7.18
1958	1.13	3.85	1.48	9.74	3.96	23.3	16.7	27.1	47.0	13.0	2.18	1.08	12.5
1959	0.44	0.32	0.48	2.20	13.9	12.8	2.66	2.18	59.4	1.02	3.18	0.96	8.29
1960	6.00	5.09	14.8	14.4	3.39	13.2	2.27	44.8	22.3	1.52	0.85	1.09	10.8
1961	2.05	18.3	…	…	…	…	…	…	…	…	…	…	…
⋮	⋮	⋮	⋮	⋮	⋮	⋮	⋮	⋮	⋮	⋮	⋮	⋮	⋮
1969	0.85	1.02	14.5	4.00	6.41	15.4	23.0	4.21	8.67	1.37	0.42	0.33	6.68
1970	1.02	2.31	22.8	5.98	15.3	35.7	6.19	0.44	10.9	3.79	3.65	4.25	9.36
1971	1.77	3.16	3.04	8.38	8.17	23.2	0.65	0.04	12.3	7.89	1.09	0.90	5.89
1972	1.44	16.8	…	…	…	…	…	…	…	…	…	…	…
⋮	⋮	⋮	⋮	⋮	⋮	⋮	⋮	⋮	⋮	⋮	⋮	⋮	⋮
1978	1.48	2.06	7.52	9.90	6.88	10.6	5.03	9.44	7.69	2.20	1.23	0.61	5.39
1979	0.48	0.72	3.75	7.18	10.6	1.53	13.0	43.4	14.7	1.71	0.74	0.58	8.20
1980	0.62	3.26	19.7	10.4	24.1	10.6	7.16	17.3	7.25	3.57	2.04	1.54	8.96
1981	1.44	1.82	…	…	…	…	…	…	…	…	…	…	…

（二）径流资料的审查

水文资料是水文分析计算的基本资料，它直接影响到工程设计的成果质量和精度。因此，对于所收集到的水文资料，首先要进行慎重的审查和分析。具体来说，在年径流分析计算工作之前，应该对实测径流资料的可靠性、一致性和代表性进行审查。

1. 资料的可靠性

资料的可靠性是指所收集到的资料的可靠程度，要求资料本身没有错误，能客观、真实地反映实际发生的水文情况。为保证计算成果的质量，应进行一番去伪存真的工作，审查工作应从审查测验方法、测验成果、整编方法和整编成果着手。例如，审查原始水位资料有无不合理的现象；水位流量关系曲线的绘制和延长方法；分析上下游和支流的水量平衡等。总之，对应用的年径流资料，应注意反复核对，以保证资料的可靠性。

2. 资料的一致性

将水文变量作为随机变量看待，应用数理统计的方法来研究其变化规律，是目前水文分析计算的一种主要方法。而应用数理统计法研究自然现象变化规律的前提是要求统计系列的每一项资料的生成条件是一致的，亦即要求资料具备一致性。所谓资料的一致性，即要求组成系列的全部资料具有相同的成因，不同成因的资料不得作为同一个统计系列。对年径流来说，其一致性是建立在断面所在流域的气候及下垫面条件的稳定性上的，当上述条件发生显著变化时，资料的一致性即遭破坏。一般来说，气候条件的变化是相当缓慢的，在几十年乃至几百年间，可看成是稳定的。但下垫面条件则由于人类活动的影响，在不同的时期可能发生显著的变化，以致径流资料系列的一致性遭到破坏。引起下垫面条件变化的因素是多种多样的，通常有：

（1）在断面以上修建蓄水工程、引水工程，增加了蒸发损失量及引走了原有的天然水量。

（2）大面积的旱地改水田，增加了流域内的蒸发损失水量。

（3）大面积植树造林及其它水土保持措施，会引起大量拦截地表径流，改变地表、地下径流比例及断面径流的年内分配过程。

（4）跨流域的引入、引出水量等。

上述因素均会破坏下游水文站实测径流资料的一致性。遇到这种情况，应对受影响的资料进行分析还原计算，所得的计算资料才是统一的。还原计算是一个复杂问题，通常用水量平衡法和降雨径流相关法进行修正还原。但要指出，流域下垫面条件没有明显的变化，可认为实测资料的成因具有一致性。

3．资料的代表性

资料的代表性是指实测年径流系列作为一个样本对总体的接近程度。可用样本系列的统计参数与总体的统计参数之间的离差大小来衡量。离差愈小，两者愈接近，说明样本代表性高；反之，代表性差。由于总体是未知的，审查资料的代表性，通常只能通过与长系列作比较，衡量样本系列代表性的高低。

当设计站有 n 年实测资料系列，为检验其系列的代表性，可与气候及下垫面条件相似的邻近流域的年径流系列相比较，或与本流域的年降水量系列相比较等。比较的方法可选择同一地区具有 N 年长系列的参证变量进行对比分析。计算其长短系列的统计参数分别为 $\overline{Q}_N$、C_{vN}、$\overline{Q}_n$、C_{vn}，如长短系列的参数大致接近，则可认为参证变量 n 年这一时段在长系列 N 年中具有代表性，从而说明设计站 n 年径流系列也具有代表性。否则，应尽量插补延长系列，以提高系列代表性。

当设计站实测年径流系列只有几年、十几年、或虽有 20 年但代表性差，则应设法插补延长资料系列，然后才能进行频率计算。其计算方法与有长期实测资料时的频率计算完全一样。所以，在有短期资料情况下，设计年径流计算的关键是样本系列的延长。

在水文计算中，通常应用相关法插补延长水文资料。而参证变量的选择要考虑与设计站年径流有密切关系的水文要素。如本流域上、下游或邻近流域的年径流量，本流域的年降雨量等。所选择的参证站应具有长期实测资料，且与设计站有 10 年以上同期资料，其具体展延方法有：

（1）利用年径流资料展延系列。在设计站的上、下游或邻近流域具有相似条件的测站，可作为参证站。利用同期资料在直角坐标纸上点绘相关点据，并目估定出一条相关线，用来展延设计站资料系列。

【例 4－1】 某设计站集水面积为 2920km^2，有 12 年短期实测径流资料，需将年径流系列延长。

解： 1）选参证站。选择位于设计站下游某站为参证站，集水面积为 3220km^2，有 23 年实测径流系列，且有 1977～1988 年共 12 年同期观测资料，见表 4－2。

2）绘制相关图。根据表 4－2 设计站与参证站同期资料，点绘上、下游站年径流量的相关点，如图 4－2 所示。从图中可看出，两站的相关关系较好，则可采用图解法通过点群中心目估定出一条相关线。

3）插补延长资料。利用两站年径流相关线（见图 4－2），可直接查相关线或采用相关方程式，推求设计站缺测年份（1966～1976年）的年径流资料，展延成果见表4-2括号内数字。

表4-2　某设计站与参证站年径流量表

年份	$Q_{设}$（m^3/s）	$Q_{参}$（m^3/s）	年份	$Q_{设}$（m^3/s）	$Q_{参}$（m^3/s）
1966	(100)	108	1978	114	125
1967	(130)	143	1979	109	114
1968	(159)	177	1980	64.0	68.0
1969	(117)	129	1981	108	120
1970	(150)	167	1982	113	123
1971	(123)	135	1983	75.0	82.0
1972	(101)	114	1984	87.0	98.0
1973	(129)	141	1985	121	134
1974	(96.0)	106	1986	135	151
1975	(99.0)	110	1987	101	116
1976	(138)	153	1988	108	115
1977	108	110	合计	1243	1356

（2）利用月径流资料展延系列。当设计站实测年径流系列过短，只有3～5年资料，难以确定相关线的位置时，这时可建立月径流相关关系。如只有3年同期年径流资料，就有36个月相关点据，则较容易确定相关线。再用参证站月径流展延设计站缺测年对应的月径流。

应该指出，由于影响月径流量的因素极为复杂，所以，月相关点据更为散乱，一般精度较低。

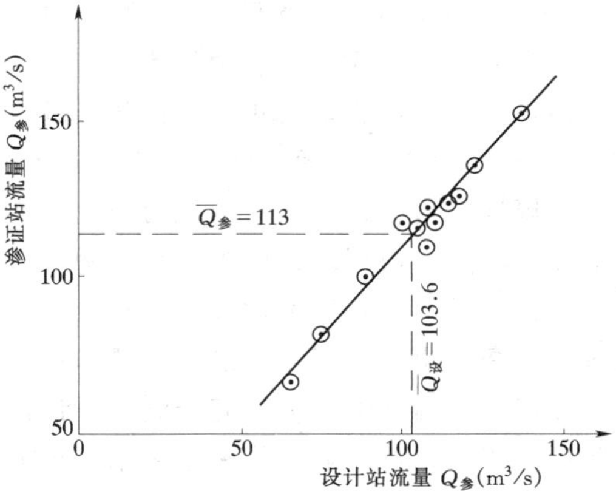

图4-2　年径流相关图

（3）利用降雨资料展延系列。当设计站的流域内有长期实测降雨资料，通常可利用本流域降雨量和径流量的关系来建立相关图，从而达到延长径流量的目的。流域内雨量站较多时可以用流域平均雨量或有代表性的单站雨量，点绘降雨径流相关图。为了便于比较，采用同一单位，即年径流量以年径流深表示。当相关图建立后，即可以用年降雨量资料插补延长年径流系列。

上述插补延长方法，推求设计站缺测的年径流资料，都要分析展延结果的合理性。

（三）长期年、月径流系列

通过对实测的径流资料进行审查和修正，便可获得具有一定可靠性、一致性和代表性的历年逐月径流量资料系列，然后将其按照水文年度或水利年度重新统计排列，并以表格形式给出，如表4-3所示。

表4-3长期年、月径流系列是根据表4-1某南方站实测径流资料按水文年度重新排列统计而得。长期年、月径流系列主要是为了配合兴利计算中的长系列操作法。这种方法在实际工作中，主要适用于大型水利水电工程的规划设计，对于中小型水利水电工程，由

于资料条件的限制，通常采用代表年法。

表 4-3　　　　某站长期年、月径流系列表

月份 年份	3	4	5	6	7	8	9	10	11	12	1	2	$Q_{年}$ (m^3/s)	W_4 [(m^3/s)·月]
1957～1958	11.3	7.53	18.4	8.01	2.39	6.17	15.6	7.21	1.40	1.29	1.13	3.85	7.02	7.67
1958～1959	1.48	9.74	3.96	23.3	16.7	27.1	47.0	13.0	2.18	1.08	0.44	0.32	12.2	4.02
1959～1960	0.48	2.20	13.9	12.8	2.66	2.18	59.4	1.02	3.18	0.96	6.00	5.09	9.16	11.2
1960～1961	14.8	14.4	3.39	13.2	2.27	44.8	22.3	1.52	0.85	1.09	2.05	18.3	11.6	5.51
⋮	⋮	⋮	⋮	⋮	⋮	⋮	⋮	⋮	⋮	⋮	⋮	⋮	⋮	⋮
1969～1970	14.5	4.00	6.41	15.4	23.0	4.21	8.67	1.37	0.42	0.33	1.02	2.31	6.80	3.14
1971～1972	22.8	5.98	15.3	35.7	6.19	0.44	40.9	3.79	3.65	4.25	1.77	3.16	9.49	12.8
1972～1973	3.04	8.38	8.17	23.2	0.65	0.04	12.3	7.89	1.09	0.90	1.44	16.8	6.99	11.3
⋮	⋮	⋮	⋮	⋮	⋮	⋮	⋮	⋮	⋮	⋮	⋮	⋮	⋮	⋮
1978～1979	7.52	9.90	6.88	10.6	5.03	9.44	7.69	2.20	1.23	0.61	0.48	0.72	5.19	3.04
1979～1980	3.75	7.18	10.6	1.57	13.0	43.4	14.7	1.71	0.74	0.58	0.62	3.26	8.43	3.65
1980～1981	19.7	10.4	24.1	10.6	7.16	17.3	7.25	3.57	2.04	1.54	1.44	1.82	8.91	6.84

二、代表年的径流量及年内分配计算

兴利调节计算代表年法中的代表年分为实际代表年和设计代表年两种，下面分别介绍这两种代表年的径流量及年内分配的推求方法。

（一）实际代表年的径流量及年内分配计算

在规划灌溉工程时，对当地历史上发生过的旱灾情况进行调查分析，确定各干旱年的干旱程度，然后根据设计要求，从实测径流资料中选定某一实际的干旱年份作为代表年，该年的径流过程就是实际代表年的年、月径流量。以此作为未来设计条件下的来水，再算出该年的灌溉用水过程，通过径流调节计算，即可求得灌溉工程的规模。应当指出，这种方法确定的工程规模不一定完全满足设计保证率，但由于历史上曾经发生的干旱年份给人以深刻的印象，且在处理代表年用水过程方面比较合理，故在中小型灌溉水库的规划设计中得到应用。

（二）设计代表年的径流量及年内分配的计算

设计代表年的出发点是将年径流量看作是一个随机变量，用频率计算的方法找出它所具有的统计规律，即年径流量的频率分布曲线（或者是三个统计参数），据此来推求指定设计保证率的年径流量，即设计年径流量。设计年径流量在年内各月的水量分配过程称为设计年径流的年内分配，通常用同倍比法或同频率控制法缩放所选用的代表年（也称典型年）径流过程求得，所以称为设计代表年的年、月径流量。

设计代表年的设计年、月径流成果主要是为配合兴利调节计算中的代表年法。用设计年、月径流量作为工程使用期限内的设计来水，据此确定工程的规模。

1. 设计代表年年径流量的计算

（1）计算时段的确定和时段径流量的统计。在确定设计代表年的径流过程时，一般要求年径流量及其它一些时段的径流量同时达到指定的设计保证率。所以除了选定以水文年或水利年为设计时段以外，还要选择其中的一些控制时段。控制时段的确定与工程要求有关。如灌溉工程的规模与灌溉期来水量大小密切相关，因此可取灌溉期作为控制时段。时段也可取多个。如南方某双季稻灌区灌溉期为4～10月，但主要需水期为7～9月，故可以取两个控制时段来统计时段径流量。再如水电工程，枯季径流量影响着发电效益，因此可取枯水期作为控制时段。但在统计枯季径流量时，多不固定起讫时间，而是选年内最小值。如年最小4个月的径流量，则是根据历年逐月径流资料中统计出各年连续最小4个月的径流量。统计时各年的起止月份可不一致，如表4-3中连续最小4个月的径流量统计成果（划横线部分）。至于年径流量，一般按平均情况取固定日期作为水文年或水利年的起止点。

（2）频率计算。通过对实测径流资料审查和对不同时段的径流量进行统计选样后，便得到各计算时段的长期径流量系列，然后用第三章介绍的适线法分别进行频率计算，从而推求出指定保证率的设计年径流量和其它控制时段的设计径流量。根据表4-3资料经适线法频率计算，求得该站年平均流量及最小4个月水量的设计成果，如表4-4所示。

表4-4　某站径流量频率计算成果表

项　　目	统计参数			设计值		
	均值	C_v	C_s/C_v	$p=10\%$	$p=50\%$	$p=90\%$
年平均流量 $Q_{年,p}$（m^3/s）	8.97	0.30	2.0	12.6	8.7	5.74
最小4个月水量 $W_{4,p}$ [（m^3/s）·月]	8.45	0.65	2.0	15.8	7.35	2.62

在频率计算适线过程中，应尽量照顾大部分经验频率点据分布趋势，侧重于考虑中下部平水年和枯水年的点群分布定线；C_s/C_v 值一般可采用2～3，但最终应以适线结果为准。另外，对于实测资料系列中的特枯年份，由于其年径流量值比其它枯水年数值小得多，常称为特小值。它对于枯水年段的适线影响较大，因此应对其出现的重现期进行认真的分析考证，然后合理地修正其经验频率，重新绘点适线，使设计成果尽量合理。

2. 设计年径流的年内分配计算

设计年径流的年内分配计算就是推求设计代表年的逐月（旬）径流量。通常采用同倍比法或同频率控制法缩放选用的典型年的径流过程求得。

（1）典型年的选择。典型年应从实测资料中选择，并要求符合下述两条原则。

1）水量接近原则。即选取典型年的年径流量应与设计值相接近。

2）对工程不利的原则。即选出的典型年，其年内分配过程是对工程不利的。如灌溉工程，就应该选择灌溉季节来水较枯，非灌溉季节径流量相对较大的年份，这种年份需较大的蓄水库容才能保证供水。对发电而言，枯水期越长，枯水期径流量占年径流量的百分数愈小的年份愈不利。

水电工程一般选丰水、平水和枯水三个典型年，而灌溉工程只选枯水典型年。相对于这三个典型年的设计年径流频率可取：$p\leqslant25\%$、$p=50\%$、$p\geqslant75\%$。

（2）典型年逐月径流过程的缩放。

1）同倍比法。该方法是将选出的典型年各月径流量乘以相同的缩放系数 K，便可得到设计年径流的年内分配过程。缩放系数 K 按下式计算：

$$K=Q_{设}/Q_{典} \tag{4-1}$$

式中　$Q_{设}$、$Q_{典}$——设计年径流量和典型年的年径流量。

【例 4-2】　某站具有 25 年实测径流资料，见表 4-3，频率计算成果见表 4-4。试用同倍比缩放法推求 $p=10\%$、50%、90%设计年径流的年内分配。

解：（1）根据典型年的选择原则，从实测资料中选择 1960～1961 年为 $p=10\%$的丰水典型年，1978～1979 年为 $p=90\%$的枯水典型年，并根据年平均流量和年内分配接近多年平均情况的原则，选出 1980～1981 年为 $p=50\%$的平水典型年。

（2）以年水量为控制计算缩放系数。

丰水年 $p=10\%$，$K_{丰}=12.6/11.6=1.09$；

平水年 $p=50\%$，$K_{平}=8.70/8.91=0.976$；

枯水年 $p=90\%$，$K_{枯}=5.74/5.19=1.11$。

（3）计算设计年径流年内分配，用各缩放系数乘以相应典型年逐月径流量，即得丰、平、枯三种年型的设计年径流的年内分配，见表 4-5。

表 4-5　　**设计年径流年内分配计算表（同倍比法）**　　单位：m^3/s

月　份	3	4	5	6	7	8	9	10	11	12	1	2	$Q_{年}$
丰水典型年	14.8	14.4	3.39	13.2	2.27	44.8	22.3	1.52	0.85	1.09	2.05	18.3	11.6
设计丰水年	16.1	15.6	3.69	14.4	2.47	48.8	24.3	1.65	0.93	1.18	2.23	19.9	12.6
平水典型年	19.7	10.4	24.1	10.6	7.16	17.3	7.25	3.57	2.04	1.54	1.44	1.82	8.91
设计平水年	19.2	10.2	23.5	10.3	6.99	16.9	7.08	3.48	1.99	1.50	1.41	1.78	8.70
枯水典型年	7.52	9.90	6.88	10.6	5.03	9.44	7.69	2.20	1.23	0.61	0.48	0.72	5.19
设计枯水年	8.35	10.9	7.64	11.7	5.58	10.5	8.51	2.44	1.36	0.67	0.53	0.80	5.74

由上例可以看出同倍比法计算简单，且设计的年内分配变化规律与典型年一致。但推求出的设计年径流过程各控制时段的径流量并不一定全部符合设计频率，因此实际工作中对枯水典型年经常用同频率控制法进行计算。

2）同频率法。该方法也称多倍比法，即将典型年各月的径流量分段按不同的倍比缩放。例如，若要求设计最小 4 个月及全年的径流量都符合设计频率，则各时段的缩放倍比为

$$最小4个月的倍比\quad K_4=W_{4设}/W_{4典}$$

$$全年其余8个月倍比\quad K_{12-4}=(W_{年设}-W_{4设})/(W_{年典}-W_{4典}) \tag{4-2}$$

式中　$W_{4设}$、$W_{年设}$——设计最小 4 个月及全年的径流量，m^3；

$W_{4典}$、$W_{年典}$——典型年最小 4 个月及全年的径流量，m^3。

用式（4-2）求出的各时段的缩放倍比 K，对典型年各相应时段进行分段缩放，即得出设计年径流的年内分配。此时，各时段径流量都符合设计频率的要求，比同倍比法计算的结果要合理一些。但由于采用了几个倍比缩放，破坏了典型年径流的分配模式，因此，对同频率控制法所得的成果常常要作径流成因分析，以探求这种径流年内分配的合理性。

【例 4-3】　资料同例 4-2，本工程属发电为主的水库，因此选最小 4 个月的水量作

为控制时段，频率计算成果见表 4-4，仍选 1978～1979 年为枯水典型年，试用同频率控制法计算 $p=90\%$的设计年径流的年内分配。

解：（1）计算缩放倍比。

典型年最小 4 个月（1978 年 11 月～1979 年 2 月）的水量 $W_{4典}$ 为

$$W_{4典}=1.23+0.61+0.48+0.72=3.04\ [(m^3/s)\cdot 月]$$

最小 4 个月的倍比为 $K_4=2.62/3.04=0.862$

全年其余 8 个月的倍比为 $K_{12-4}=(68.9-2.62)/(62.3-3.04)=1.118$

（2）用同频率控制法计算设计年内分配，如表 4-6 所示。

表 4-6　设计年径流年内分配计算表（同频率法）　单位：m^3/s

月　份	3	4	5	6	7	8	9	10	11	12	1	2	合计
枯水典型年	7.52	9.90	6.88	10.6	5.03	9.44	7.69	2.20	1.23	0.61	0.48	0.72	62.3
K	1.118	1.118	1.118	1.118	1.118	1.118	1.118	1.118	0.862	0.862	0.862	0.862	
设计枯水年	8.41	11.1	7.69	11.8	5.62	10.6	8.60	2.46	1.06	0.53	0.41	0.62	68.9

第三节　缺乏实测径流资料时设计年径流的计算

在中小型水利水电工程规划设计中，经常会遇到缺乏实测径流资料的情况，或者虽有短期实测资料，但无法通过相关关系展延。此时，设计年径流量及其年内分配只能通过间接途径来推求。目前，常用等值线图法和水文比拟法来估算年径流的统计参数，然后计算代表年的年径流量，并进一步推求设计年径流的年内分配。

一、等值线图法

各省（区）《水文手册》（图集）中，均刊载有多年平均年径流深等值线图和年径流量变差系数 C_v 的分区图或建议的 C_s/C_v 倍比值，可供缺乏资料地区查用。

1. 多年平均年径流量的估算

水文特征值的等值线图是表示水文特征值的地理分布规律的方法。当影响某一水文特征值的因素主要是分区性因素（如气候因素）时，则该特征值就随地理坐标的不同而发生连续均匀的变化，利用这种特性就可以在地图上作出它的等值线图。反之，如影响某一水文特性值的因素主要是非分区性因素（如下垫面因素：流域面积、河槽下切深度、湖泊、沼泽等）时，则该特征值就不随地理坐标而连续变化，也就无法作出等值线图。对于同时受到分区性和非分区性因素影响的特征值，如果能设法消除非分区性因素的影响，就可提高等值线图的精度。

影响闭合流域多年平均年径流量的主要因素是气候因素：降雨和蒸发。由于降雨量和蒸发量具有地理分布规律，因此多年平均年径流量也具有这种规律，可以绘制等值线图，并用它来插补缺乏实测径流资料流域的多年平均年径流量。为消除流域面积这一非分区性因素的影响，等值线图以多年平均年径流深（单位为 mm）表示。

对于属某一点的水文特征值（如降雨量、蒸发量等），可将观测值直接标注在地图上的观测点处，然后绘出该特征值的等值线图。但是对于径流量来说，河流任一测流断面的

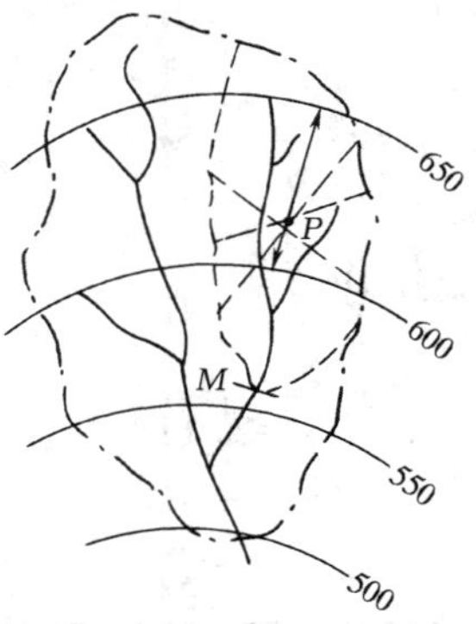

图 4-3　某地区多年平均年径流深等值线图（mm）

径流量是由断面以上流域各点的径流汇集而成的，径流量不是该断面处的数值，而是流域的平均值。所以在绘制多年平均年径流深等值线图时，不应将数值点绘在测流断面处，而应点绘在流域的形心处。所谓流域形心，就是沿任意几个方向将流域面积划分成两等份的几条直线的交点。在山区，径流有随高程的增加而加大的趋势，故常将数值点绘在流域平均高程处。

由于多年平均径流深等值线图是按上述原则绘制的，因此，应用该图来推求无实测径流资料情况下设计断面处的多年平均径流量时，先在等值线图上勾绘出设计流域工程所在断面以上的流域分水线，并划出流域形心位置。可直接采用直线内插法查出流域形心处的数值，即为设计流域多年平均年径流深。例如在图 4-3 中，M 为设计断面处，P 为设计流域面积的形心，且位于等值线 600mm 和 650mm 之间，并靠近 600mm 等值线 1/3 的间距。用直线内插法即可求得 P 点的数值为

$$\overline{y}=600+\frac{1}{3}(650-600)=616.7\ (\text{mm})$$

即 M 设计断面以上流域的多年平均径流深为 616.7mm。

2. 年径流变差系数 C_v 的估算

如上所述，影响年径流变化的主要因素是气候因素。因此，在一定程度上也可用等值线图来表示年径流量的 C_v 值在地区上的变化规律。

年径流量变差系数 C_v 等值线图的绘制方法和查用方法，与多年平均径流深 $\overline{y}$ 等值线图相似。但应注意，年径流量 C_v 等值线图的精度一般较低，特别是用于小流域。由于小流域支流少，水量丰枯补偿小，同时地下水补给少，使小流域年径流量的 C_v 值大于大中流域。因此把依据中等流域资料绘制的年径流量 C_v 等值线图用于小流域时，由图上查来的 C_v 值可能比实际的偏小，必须结合具体条件加以修正。

3. 年径流量偏差系数 C_s 的估算

年径流量偏差系数 C_s 一般在地区上变化规律不明显，通常表示为分区图（表），可直接选用 C_s/C_v 的倍比。设计年径流的计算中一般多采用 $C_s=2C_v$。

4. 设计年径流量及年内分布的计算

通过查等值线或分区图（表）得到三个统计参数后，根据指定的设计频率，查 P—Ⅲ型曲线模比系数 K_p 值或离均系数 Φ_p 值，便可计算出设计年径流量 Q_p，其计算公式为

$$Q_p=(1+\Phi_p C_v)\overline{Q}=k_p\overline{Q} \qquad (4-3)$$

为配合参数等值线图的应用，各省（区）《水文手册》（图集）中，都按气候和地理条件划分了水文分区，并给出了各分区的丰、平、枯各种年型径流的典型分配过程，可供无资料流域推求设计年径流年内分配时查用。

【例 4-4】　拟在某河流 A 断面处修建水库，流域面积 $F=176\text{km}^2$。试用等值线图法，推求设计坝址断面处 $p=90\%$的设计年径流量及年内分配。

解：（1）在该地区《水文手册》的多年平均年径流深等值线图和变差系数等值线图

上，勾绘出流域分水线，并确定流域形心位置，如图 4-4 所示。

（2）用直线内插法查出流域形心处数值：$\overline{y}=780\text{mm}$；$C_v=0.39$。

（3）计算设计年径流量 Q_p。先将多年平均年径流深 $\overline{y}$ 换算成多年平均流量 $\overline{Q}$：

$$\overline{Q}=1000F\overline{y}/T=1000\times176\times780/(31.54\times10^6)=4.35\ (\text{m}^3/\text{s})$$

取 $C_s=2C_v$，查 P—Ⅲ型曲线 k_p 值表，得 $k_p=0.54$，则 $p=90\%$的设计年径流量为

$$Q_p=k_p\overline{Q}=0.54\times4.35=2.35\ (\text{m}^3/\text{s})$$

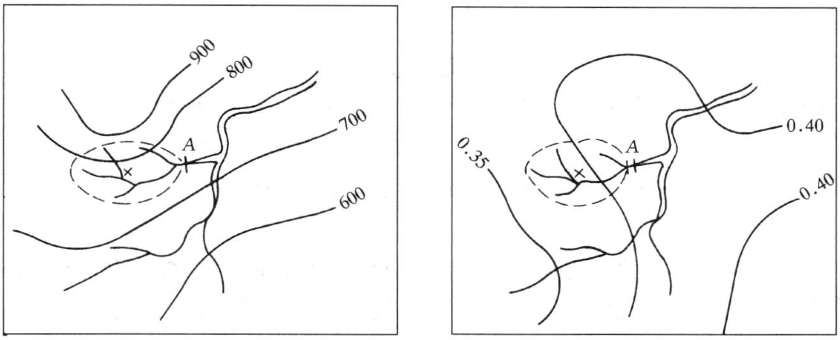

图 4-4　某地区年径流 $\overline{y}$ 和 C_v 值等值线图

(a) $\overline{y}$ 等值线图（单位：mm）；(b) C_v 等值线图

×—流域形心位置

（4）查水文手册得，流域所在分区枯水典型年的年内分配比如表 4-7 所示。将表 4-7 中各月分配比乘以设计年径流量 $2.35\text{m}^3/\text{s}$，就可得到 $p=90\%$的设计年内分配过程，见表 4-7。全年各月流量之和为 $28.2\text{m}^3/\text{s}$，除以 12 得 $2.35\text{m}^3/\text{s}$，等于设计年径流量，计算无误。

表 4-7　　某站 $p=90\%$设计年径流年内分配计算表

月　份	3	4	5	6	7	8	9	10	11	12	1	2	合计
枯水典型年各月分配比 $Q_月/Q_年$	2.22	1.88	3.42	3.71	0.46	0.03	0.02	0.02	0.01	0.04	0.03	0.16	12
设计代表年各月径流量 (m^3/s)	5.22	4.42	8.04	8.71	1.08	0.07	0.05	0.05	0.02	0.09	0.07	0.38	28.2

二、水文比拟法

水文比拟法是将参证流域的水文特征值移用到设计流域或进行成果合理性分析的一种有效方法。应用此法的关键在于选择合适的参证流域，参证流域应符合以下条件：

（1）参证流域应具有长期实测径流资料，而且代表性好。

（2）参证流域与设计流域必须属同一气候区且自然地理条件相似。

（3）参证流域与设计流域面积不能相差太大。

根据以上条件选出参证流域后，若设计流域与参证流域面积相差不超过 3%时，可直接移用参证站的计算成果到设计站来；若流域面积相差在 3%～15%以内，则应按面积比

修正的方法来推求设计站多年平均流量，即

$$\overline{Q}_{设}=\frac{F_{设}}{F_{参}}\overline{Q}_{参} \quad (4-4)$$

式中 $\overline{Q}_{设}$、$\overline{Q}_{参}$——设计流域与参证流域多年平均流量；

$F_{设}$、$F_{参}$——设计流域与参证流域的流域面积。

当流域面积相差超过15%时，不能简单地按面积比修正，尚需考虑其它因素的影响。至于年径流量的 C_v 值和 C_s/C_v 值，可直接移用参证流域的相应数值，或根据流域特性的差异略加修正。

对于无实测径流资料地区，设计年径流的年内分配广泛使用水文比拟法，即将参证流域的典型年的径流年内分配百分数移用到设计流域中，从而推求设计年径流的年内分配。

第四节　设计年径流成果合理性分析

设计年径流成果的合理性分析，主要是分析频率计算成果是否符合客观规律。单站年径流频率计算成果的质量，由于受到资料在时间和空间上的局限，往往不能令人十分信服，为提高成果的质量及可信度，消除工作中可能出现的差错，有必要对年径流频率计算成果进行合理性分析。分析工作的主要内容是对年径流系列的均值、C_v 值和 C_s 值进行审查，分析工作的主要依据是水量平衡原理和径流的地理分布规律。

一、多年平均径流量的分析

影响多年平均径流量的主要因素是气候因素，而气候因素是具有地理分布规律的，所以多年平均径流量也具有地理分布规律。通常可将设计站与上下游站和邻近流域测站的多年平均径流量进行比较，以判别成果的合理程度，一般情况是径流量的均值应随流域面积的增大而增大。如要消除流域面积的影响，应将年平均流量、年径流量等换算为径流深，考察同一地区各测站多年平均径流深的变化规律及接近程度，若发现反常现象，应作进一步的分析论证。一般可从原始资料、气象因素、下垫面因素和人类活动的影响等几个方面进行分析。

另外，可利用水文手册或图集中的多年平均径流深等值线图来检查，可将设计流域的多年平均径流深数值点绘于流域的形心位置，而后观察其在地区上的分布规律是否一致。

二、年径流量变差系数 C_v 合理性分析

年径流量变差系数 C_v 受气候因素的制约，同样具有一定的地理分布规律，通常位于同一气候区各流域的年径流量 C_v 值比较接近。与多年平均径流深一样，可以通过上下游站、邻近流域测站年径流 C_v 值的比较，或利用年径流量 C_v 值等值线图来检查设计流域年径流量 C_v 值的合理性。在检查和比较时应考虑流域面积的大小对 C_v 值的影响，一般情况下，小流域的调蓄能力较小，其年径流 C_v 值较大流域的要大些，即 C_v 值随流域面积的增加而有减小的趋势。由于年径流量 C_v 值等值线图，通常根据有实测资料的中等流域的统计成果绘制的，检查时应注意到这一点。

另外，对某些具有特殊下垫面条件的流域，如流域内湖泊、水库较多，地下水补给量

较大时，其流域对径流的年际调蓄作用较大，年径流 C_v 值较小。

三、年径流量偏差系数的分析

年径流量偏差系数 C_s 的变化规律，目前研究尚还不够。一般认为 C_s/C_v 值具有一定的分区性，可据以分析 C_s 值的合理性。

此外，年径流的统计参数还可与本流域降水量的统计参数进行比较，来检查其合理性。由于径流是降水经过流域损失和调蓄以后的产物，所以多年平均径流深应小于同一流域多年平均降水量，年径流量的 C_v 值应大于同一流域的年降水量的 C_v 值。

思考题与练习题

1. 为什么要计算设计年径流？设计年径流有哪几种形式？不同的资料条件计算途径如何？

2. 为什么要计算设计年径流的年内分配，如何进行分配？同倍比法和同频率法有何不同，各有什么优缺点？

3. 某流域有甲、乙、丙三个水文站，如题图 4－1 所示。各站年径流资料如下：

甲站：1963～2000 年

乙站：1976～2000 年

丙站：1976～2000 年

通过图解相关发现，甲与丙的关系不理想，而甲与乙的关系较密切，乙与丙的关系尚可。是否可以建立甲与乙的径流相关来展延乙，再建立乙与丙的相关关系达到展延丙站的资料？如果甲、乙两站资料都很长，如何展延丙站资料？

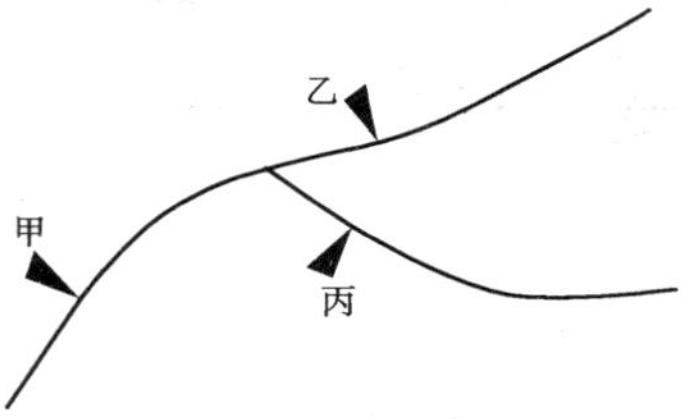

题图 4－1　某流域测站分布图

4. 制作年径流统计参数等值线图的依据是什么？为什么不用多年平均流量或径流量绘制等值线图？年径流统计参数等值线图完全适用于小流域吗？使用年径流和降雨量等值线图有什么不同？

5. 水文比拟法除了用来推求无资料地区的水文特征值外，在具有长期实测资料的水文分析计算中有何作用？

6. 飞口水利枢纽位于青河中游（见题图 4－2），控制流域面积为 10100km^2，其主要任务为发电。试根据题表 4－1 所给资料，先展延飞口站年径流量系列，再作频率分析，推求该站设计频率为 95％的年径流量。与本流域上下游站和流域资料（见题表 4－2）比较，分析成果的合理性。从题表 4－3 中选择一个典型年，计算设计年径流量的年内分配。

（主要答案：$\overline{Q}=540\text{m}^3/\text{s}$，$C_v=0.205$，$C_s=2C_v$，$Q_p=374\text{m}^3/\text{s}$，典型年为 1977.5～1978.4）

7. 某流域概化为边长 2cm 的正方形，比例尺为 1∶100 万，流域多年平均径流深和 C_v 等值线如题图 4－3 所示，$C_s=2C_v$，设计保证率为 $p=80\%$。

题表 4-1　　青河流域飞口、青口站实测年平均流量表　　单位：m^3/s

年份 站名	1965～1966	1966～1967	1967～1968	1968～1969	1969～1970	1970～1971	1971～1972	1972～1973	1973～1974
飞口						396	596	459	577
青口	665	750	540	695	810	430	643	516	664
年份 站名	1974～1975	1975～1976	1976～1977	1977～1978	1978～1979	1979～1980	1980～1981	1981～1982	
飞口	560	514	438	377	462	508	564	548	
青口	594	559	464	400	505	528	614	603	

题表 4-2　　本流域及相邻流域各测站年径流量统计参数

站　名	流域面积 (km^2)	多年平均流量 (m^3/s)	多年平均径流深 (mm)	变差系数 (C_v)
青　口	11800	583	1560	0.18
高　林	8520	433	1600	0.22
江　岩	5810	260	1410	0.21
三　庙	5440	266	1540	0.20
平　山	3340	144	1360	0.23
石　阳	2900	140	1520	0.25

题表 4-3　　青河流域飞口站枯水年逐月平均流量表　　单位：m^3/s

月份 年份	5	6	7	8	9	10	11	12	1	2	3	4	年平均
1976～1977	604	681	782	710	637	449	279	188	141	138	257	389	438
1977～1978	450	504	851	520	739	442	231	183	124	109	172	200	377
1970～1971	483	893	733	621	414	360	259	329	103	106	129	321	396

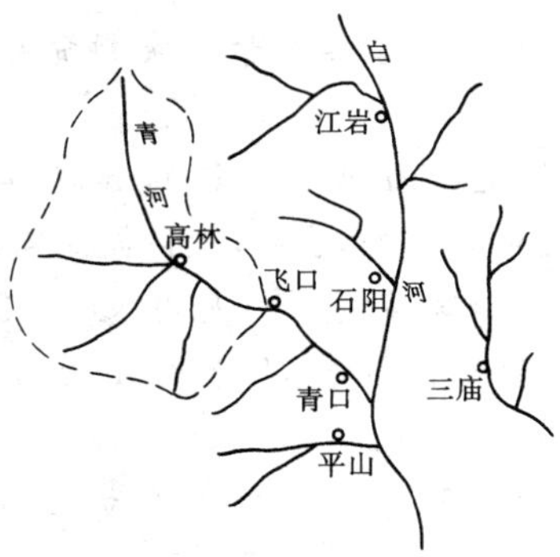

题图 4-2　青河及附近流域测站位置图

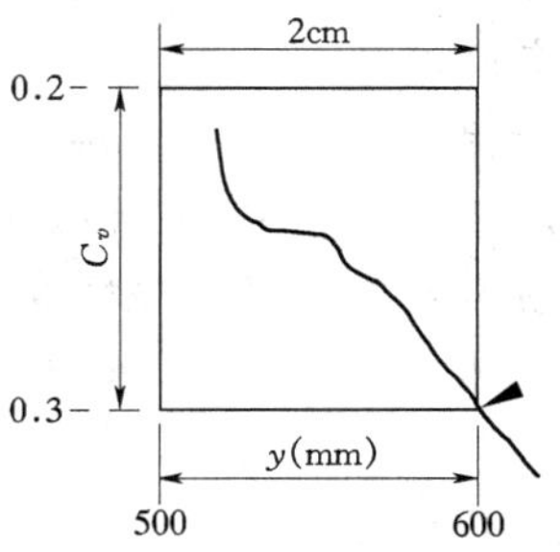

题图 4-3　某流域多年平均径流深和 C_v 等值线图

（1）求设计年径流深 y_p；

（2）求设计年平均流量 Q_p。

（参考答案：设计年径流深为 429mm，设计年平均流量为 5.44m^3/s）

8. 某以灌溉为主的水库，设计断面以上流域面积为 497km^2，无实测径流资料，但气候和下垫面条件都相似的相邻流域的流域面积为 535km^2，设计保证率 80％的设计年径流为 8.5m^3/s。试用水文比拟法推求设计站设计保证率为 80％的设计年径流。

（参考答案：设计年径流量为 7.90m^3/s）

第五章　小流域设计洪水的计算

第一节　概　　述

流域内发生暴雨或冰雪消融所形成的大量地面径流，迅速汇入河流，使河中流量激增，水位猛涨，这种水文现象称为洪水。洪水随时间变化的过程是一个复杂过程，为了分析计算的方便，把一次洪水过程简化成用洪峰流量、洪水总量和洪水历时（洪水过程线）三个控制性要素来描述，这三个反映洪水“峰、量、型”的特征变量常称为洪水的三要素。

为了解决一个地区或流域的防洪问题，需要作全流域的防洪规划，包括选定各种防洪措施的布设方案以及设计每项防洪工程的规模尺寸。防洪工程的规模尺寸与将要防御的洪水大小有关，对于未来工程运行期间可能发生的洪水，因预报期长，影响因素复杂，目前只能通过数理统计的方法，求出某一设计标准（频率）相应的洪水，这就是设计洪水。有的水利水电工程有多个设计标准，如正常运用防洪标准（设计标准）、非常运用标准（校核标准）、下游防护对象的防洪标准等，因而也就相应地计算出多个设计洪水。洪水的前面加上“设计”二字，洪水就失去了具体时间的涵义，而是和设计标准，即洪水发生的频率联系起来。设计洪水的频率最终由设计洪水的三要素体现出来，即设计洪峰流量、设计洪量和设计洪水过程线。

流域面积在二三百平方公里以下的小流域实测水文资料较少，但堤防、桥梁、涵洞、闸门、沟渠等小型工程众多，所以设计洪水的计算方法应简便易行。这些小型水利工程调蓄能力差，其规模主要受洪峰流量控制，因此小流域设计洪水着重计算设计洪峰流量，而对设计洪量及设计洪水过程线的要求相对较低。

小流域设计洪水计算方法繁多，其中很多方法是建立在由暴雨资料推求设计洪水基础上的。由暴雨资料推求设计洪水，是以径流形成的产汇流理论为基础，假定设计洪水是由同频率的暴雨所形成的，其计算过程由设计暴雨的计算、设计净雨的计算和设计洪水过程线的推求三个步骤构成。生产上广泛使用的综合瞬时单位线法是推求设计洪水过程线的一种方法，而推理公式法则是对设计净雨和设计洪水过程线两方面内容的概括和简化。本章在设计暴雨的计算的基础上，重点阐述这两个方法，并对其它推求设计洪峰流量的方法作以简要介绍。

第二节　设计暴雨的计算

小流域的设计暴雨是指符合给定设计标准的一次暴雨量及其在时间上的分布。设计暴雨的计算包括设计暴雨量的计算和设计暴雨时程分配的计算两项内容。

一、设计暴雨量的计算

洪水是由整个流域上的暴雨形成的。推求设计洪水需要流域平均设计暴雨资料，即设计面暴雨过程。当流域雨量资料较充分时，可对流域各统计时段的面暴雨量系列直接进行频率计算，求出符合某一设计标准的各时段设计面暴雨量。但小流域上雨量站较少，或各雨量站资料长短不一，难以统计出满足设计要求的各时段面暴雨量系列，只能先求出流域中心附近某雨量站各统计时段的设计暴雨量，即各时段的设计点雨量，然后通过该流域降雨的点面关系进行转换，间接地求出流域各时段的设计面暴雨量。

（一）设计点雨量计算

1. 用频率计算法计算统计时段的设计点雨量

如果流域中心有雨量站且观测系列足够长，可用该站的暴雨资料直接进行频率计算求得设计点雨量。如果流域中心没有这种雨量站，则可先求出所在流域中心附近各测站的设计点雨量，然后通过地理插值，求出流域中心的设计点雨量。

（1）暴雨资料的选样。雨量大小和统计时段长短有关，一场暴雨的历时为设计时段，在设计时段内，用以细致刻画暴雨随时间变化过程的统计时段叫控制时段。小流域一场暴雨历时通常为24h，相应的控制时段可取1h、3h、6h和12h。暴雨资料按“固定时段年最大值独立选样法”选样。固定时段是指每年都按上述统计时段统计暴雨量；年最大值是指在每年的某时段雨量中挑取最大值构成该时段雨量年最大值系列，水文上常称其为年最大1h雨量系列、年最大6h雨量系列和年最大24h雨量系列等。值得注意的是，目前气象站和水文站的日雨量是以每日8时为分界的，根据以每日定时观测所得到的日雨量，比通过自记雨量资料统计出的最大24h雨量偏小。选样时，要把最大1日雨量乘以系数α换算成最大24h雨量，α一般1.1～1.2之间；所谓的独立选样是指同一年中各时段的最大雨量选取互不相干，各自都取全年最大值即可，短时段的最大雨量不一定非要在长时段暴雨中选取。某站暴雨资料选样成果如表5-1所示。

表5-1　　某站暴雨资料选样成果表

年　份 （年）	年最大1h雨量 （mm）	年最大6h雨量 （mm）	年最大24h雨量 （mm）	备　　注
1931			300.0	历史调查
1951	50.5	65.0	101.1	实测系列，其中1998年的年最大24h雨量最大，2001年次之
⋮	⋮	⋮	⋮	
1998	40.1	90.5	220.8	
⋮	⋮	⋮	⋮	
2001	30.8	72.8	115.5	

为了提高暴雨样本系列的代表性，保证频率计算成果的精度，SL44—93《水利水电工程设计洪水计算规范》规定，频率计算的暴雨资料系列长度应在30年以上。资料系列不足的，应插补展延暴雨量资料系列，并尽可能调查历史特大暴雨资料。如果能在实测和插补的容量为n的暴雨资料系列之外，调查考证期N（$N>n$）之内调查出特大暴雨，将其加入到暴雨样本系列进行频率计算，就吸取了$N-n$年的暴雨信息，相当于把样本容量

由 n 年扩展到了 N 年。一般来说，N 愈大，频率计算的抽样误差愈小，但资料的可靠性和一致性往往由于 N 的增大而降低。由于特大暴雨资料对频率计算成果的影响巨大，所以一定要高度重视和慎重对待历史暴雨资料。

（2）暴雨量的频率计算。根据实测暴雨资料、插补展延暴雨资料和历史特大暴雨资料组成各时段暴雨样本系列，用配点适线频率计算的方法推求各时段的设计暴雨量，其计算步骤与设计年径流频率计算基本相同，只是暴雨资料系列由于含有特大暴雨而使其经验频率计算、统计参数计算及适线原则与设计年径流有所区别，下面只对暴雨频率计算的特点作以介绍。

1）经验频率的计算。除了历史特大暴雨资料外，实测系列中也会出现特大暴雨，这些暴雨特大值在频率计算时“鹤立鸡群”，必须对其重现期（经验频率）进行重新论证。即应在更长的调查考证期 N 内排队，使其回到实际的合理位置上去。这样暴雨的经验频率就分特大暴雨和一般暴雨两种情形计算，特大暴雨的经验频率计算公式为

$$p_M=\frac{M}{N+1}\times100\% \tag{5-1}$$

式中 p_M——特大暴雨第 M 项的经验频率，%；

N——特大暴雨首项的调查考证期，即调查最远的年份迄今的年数；

M——特大暴雨的排位序号，$M=1$、2、…、a，a 为特大暴雨的个数。

一般暴雨的经验频率计算公式为

$$p_m=\frac{m}{n+1}\times100\% \tag{5-2}$$

式中 p_m——一般暴雨第 m 项的经验频率，%；

n——一般暴雨的项数，年；

m——一般暴雨的排位序号，$m=l+1$、$l+2$、…、n，l 为实测暴雨系列中抽出的特大暴雨的个数。

如表 5-1 中的年最大 24h 雨量系列，除了实测期中的 1998 年的特大暴雨外，还调查到 1931 年曾出现特大暴雨，如果把 1998 年和 1931 年的特大暴雨分别看成实测期 1951～2001 年（51 年）和 1931～2001 年（71 年）的首项，显然是不合理的。因为经调查考证，1931 年和 1998 年是自辛亥革命（1911 年）以来的最大两场暴雨，可见，1998 年的暴雨应从实测系列中抽出来，和 1931 年一起在 $N=2001-1911+1=91$ 年中排队，而实测期中的次大暴雨 2001 年的暴雨是否为 $N=91$ 年中的第三位不能肯定，所以它只能在实测期中排第二位，抽出的 1998 年仍居第一位的位置。根据式（5-1）、式（5-2），1931 年、1998 年和 2001 年的年最大 24h 雨量的经验频率分别计算如下

$$p_{1931}=\frac{1}{91+1}\times100\%=1.09\%$$

$$p_{1998}=\frac{2}{91+1}\times100\%=2.17\%$$

$$p_{2001}=\frac{2}{51+1}\times100\%=3.85\%$$

2）统计参数的计算。由上述可见，由特大暴雨和一般暴雨组成的调查考证期 N 内暴

雨样本系列的排位序号是不连序的，对于不连序样本系列，频率适线时统计参数初值的估算仍可采用矩法公式进行。但计算公式要作适当修正。均值和 C_v 的修正公式如下

$$\overline{x}_m=\frac{1}{N}\left(\sum_{j=1}^{a}x_j+\frac{N-a}{n-l}\sum_{i=l+1}^{n}x_i\right) \tag{5-3}$$

$$C_v=\frac{1}{\overline{x}_m}\sqrt{\frac{1}{N-1}\left(\sum_{j=1}^{a}(x_j-\overline{x}_m)^2+\frac{N-a}{n-l}\sum_{i=l+1}^{n}(x_i-\overline{x}_m)^2\right)} \tag{5-4}$$

式中 $\overline{x}_m$、C_v——加入特大暴雨后系列的均值和变差系数；

x_j——特大暴雨量，$j=1$、2、…、a；

x_i——一般暴雨量，$i=l+1$、$l+2$、$l+3$、…、n。

其它符号意义同前。

偏差系数 C_s 抽样误差较大，一般不直接计算，而是参考相似流域分析成果，选用一定的 C_s/C_v 比值作初始数值。

3）适线的原则。适线法频率计算，以理论频率曲线与经验点群配合最佳，确定所求的统计参数。暴雨适线时如何掌握“最佳”的配合，这就提出了所谓的适线原则。

①适线时应尽量照顾点群趋势，使曲线通过点群中心，如实有困难，应着重配合曲线中上部，对下部点据的配合可适当放宽要求。

②分析各次暴雨量及其经验频率的精度，适线时应区别对待，使曲线尽量靠近精度较高的点据。

③对调查暴雨资料要持慎重态度。年代愈久远的历史暴雨，误差也愈大，对适线的影响也愈大。在适线时，不宜机械地通过特大暴雨点据而使曲线脱离点群的趋势，但也不能因照顾点群趋势离开特大暴雨点据过远。

④要考虑不同时段暴雨统计参数的变化规律，以及同一时段暴雨的统计参数在地区上变化规律的合理性。

2. 用等值线图法计算统计时段的设计点雨量

小流域缺乏暴雨资料，目前各省（区）《水文手册》（图集）均提供最大 1h、最大 6h 和最大 24h 等固定时段的年最大暴雨量的 $\overline{x}$、C_v 的等值线图及 C_s/C_v 的分区图，由流域中心处查得统计时段暴雨量的统计参数 $\overline{x}$、C_v 及 C_s/C_v（如只有最大 1 日暴雨统计参数等值线图，应先把最大 1 日雨量均值换算成最大 24h 雨量均值），根据设计频率 p 查得模比系数 k_p 或离均系数 Φ_p，利用公式 $x_p=k_p\overline{x}$ 或 $x_p=(1+C_v\Phi_p)\overline{x}$，便可计算这些时段的设计点雨量。

3. 用暴雨公式计算其它任一历时的设计点雨量

对于其它小于 24h 的短历时设计点雨量，可通过流域的短历时暴雨公式计算。短历时暴雨公式为

$$\overline{i}_{t,p}=\frac{S_p}{t^n} \quad 或 \quad x_{t,p}=S_p t^{1-n} \tag{5-5}$$

式中 t——暴雨历时，h；

$\overline{i}_{t,p}$——历时为 t、频率为 p 的暴雨平均雨强，mm/h；

$x_{t,p}$——历时为 t、频率为 p 的暴雨量，mm；

S_p——频率为 p 的雨力，即 $t=1$h 的暴雨平均雨强，mm/h；

n——暴雨衰减指数，表示雨强随历时的增加而递减的程度。

式（5-5）中的设计雨力 S_p 只与设计频率有关，可由各省（区）的《水文手册》（图集）S_p 等值线图查得，或由最大 24h 的设计暴雨量 $x_{24,p}$ 求得，公式如下：

$$S_p = x_{24,p} 24^{n-1} \tag{5-6}$$

暴雨衰减指数 n 要经实测资料分析，通过地区综合得出。n 值随暴雨历时的变化一般不是连续的，多数流域在 1h 处有一个转折点，也有的流域不只一个转折点，在 6h 处也有明显转折。根据暴雨公式（5-5），历时 1～6h 和 6～24h 之间的暴雨衰减指数 $n_{1,6}$ 和 $n_{6,24}$ 的计算公式如下：

$$n_{1,6} = 1 + 1.285\lg \frac{x_{1,p}}{x_{6,p}} \tag{5-7}$$

$$n_{6,24} = 1 + 1.661\lg \frac{x_{6,p}}{x_{24,p}} \tag{5-8}$$

式中 $x_{1,p}$、$x_{6,p}$、$x_{24,p}$——最大 1h、最大 6h、最大 24h 设计点雨量。

其它任一历时 t 的设计点雨量为

$$x_{t,p} = x_{1,p} t^{1-n_{1,6}} \quad \text{或} \quad x_{6,p}\left(\frac{t}{6}\right)^{1-n_{1,6}} \quad t = 1 \sim 6\text{h} \tag{5-9}$$

$$x_{t,p} = x_{6,p}\left(\frac{t}{6}\right)^{1-n_{6,24}} \quad \text{或} \quad x_{24,p}\left(\frac{t}{24}\right)^{1-n_{6,24}} \quad t = 6 \sim 24\text{h} \tag{5-10}$$

（二）设计面暴雨量的计算

求出设计点雨量后，就可由流域降雨点面关系，很容易地换算出流域平均设计暴雨量，即设计面暴雨量。如某流域的设计点雨量为 x_0，根据该流域的流域面积查得流域降雨点面关系换算系数为 α，那么该流域的设计面暴雨量为：$\overline{x} = \alpha x_0$。

降雨的点面关系是指降雨中心或流域中心附近代表站的点在雨量与一定范围内的面雨量之间的关系。降雨点面关系有动点动面关系和定点定面关系之分，以降雨等值线图上暴雨中心的点雨量与其四周等雨量线所围成的面积上的平均雨量，建立的降雨点面关系叫动点动面关系；而以流域中心点雨量与设计流域上的平均雨量所建立的降雨点面关系叫定点定面关系。定点定面关系符合固定流域的设计要求，应尽量采用。如资料条件不具备，亦可考虑借用动点动面关系。各省（区）的《水文手册》（图集）中，刊有不同历时暴雨的点面关系图（表），可供查用。

当流域较小时，可直接用设计点雨量代替设计面暴雨量。

二、设计暴雨时程分配的计算

总量相同的设计暴雨，但在时间的分配上不同，如均匀分配，或主雨峰在前、在后的分配，所形成洪水的峰、量及过程线的形状也就不同，因此需要推求设计暴雨的时程分配。

设计暴雨时程分配过程的计算方法和设计年径流年内分配计算方法相似。采用典型暴雨同频率放大方法，即求出设计时段和控制时段的设计面雨量以后，在设计流域或邻近流域内选取一次实测大暴雨过程作为典型暴雨，然后采用同频率法放大典型暴雨过程。典型暴雨的选择原则是：①所选典型暴雨的分配过程应为本流域设计条件下比较容易发生的雨型，即所选的典型暴雨的雨峰个数、主雨峰位置、实际降雨时段数是大暴雨中较常见的；②所选典型暴雨的雨量与设计暴雨量相近；③所选典型暴雨的分配过程对工程不利的，即雨量集中，主峰偏后的暴雨。小流域也可以采用单站雨量（点雨量）过程作典型暴雨，但这样容易产生偏大的结果。

另外，各省（区）的《水文手册》（图集）中，刊有按雨峰个数、主雨峰位置、各时段雨量占总雨量的比例等统计出来的分区概化雨型，供缺乏暴雨资料的小流域查用。

【例 5-1】 在某小流域拟建一小型水库，流域面积为 184km^2，该流域只有 31 年最大 24h 雨量统计资料，计算设计频率为 $p=1\%$的面暴雨量及时程分配。

解：根据流域面积、雨洪特性及其资料情况，设计暴雨历时取最大 24h，并用最大 3h、6h 雨量作为控制。

（1）最大 24h 设计暴雨量的计算。由最大 24h 雨量系列，加入调查的历史暴雨，经配点适线法频率计算得到的最大 24h 暴雨统计参数 $\overline{x}_{24}=100.0$mm，$C_v=0.50$，$C_s=3.5C_v$，设计暴雨量 $x_{24,p}=274.0$mm。

（2）最大 6h 设计暴雨量的计算。由于该流域缺少短历时雨量观测资料，因此采用该省《水文手册》查算最大 6h 暴雨的统计参数，并通过合理性分析最后确定其统计参数为 $\overline{x}_6=59.6$mm，$C_v=0.52$，取 $C_s=3.5C_v$，由此计算最大 6h 设计暴雨量 $x_{6,p}=k_p\overline{x}_6=2.83\times59.6=168.6$（mm）。

（3）最大 3h 设计暴雨量的计算。由于该流域既没有最大 3h 雨量的观测资料，又没有最大 3h 雨量的等值线图，因此只能通过短历时暴雨公式来计算最大 3h 设计暴雨量。

为了计算暴雨衰减指数 $n_{1,6}$，首先在《水文手册》上查得最大 1h 暴雨的 $\overline{x}_1=25.5$mm，$C_v=0.5$，取 $C_s=3.5C_v$，从而求得最大 1h 暴雨的设计暴雨 $x_{1,p}=70.0$mm，将其和 $x_{6,p}=168.6$mm 代入式（5-7）得

$$n_{1,6}=1+1.285\lg\frac{x_{1,p}}{x_{6,p}}=1+1.285\lg\frac{70.0}{168.6}=0.51$$

由式（5-9），得到最大 3h 设计暴雨量如下：

$$x_{3,p}=x_{6,p}\left(\frac{t}{6}\right)^{1-n_{1,6}}=168.6\left(\frac{3}{6}\right)^{1-0.51}=120.0\ (\text{mm})$$

（4）最大 3h、6h、24h 设计面暴雨量的计算。由流域面积查该省《水文手册》，各种时段降雨的点面折减系数均取 0.8，则最大 3h、6h、24h 设计面暴雨量分别为 $x_{3,p}=0.8\times120.0=96.0$（mm）；$x_{6,p}=0.8\times168.6=134.9$（mm）；$x_{24,p}=0.8\times274.0=219.2$（mm）。

该流域设计暴雨计算成果见表 5-2。

表 5-2 某流域设计暴雨计算表

t (h)	$\overline{x}$ (mm)	C_v	C_s/C_v	$x_{t,p}$ (mm)		备　注
				设计点暴雨量	设计面暴雨量	
3				120.0	96.0	暴雨公式法
6	59.6	0.52	3.5	168.6	134.9	等值线图法
24	100.0	0.50	3.5	274.0	219.2	频率计算法

(5) 设计暴雨时程分配的计算。采用典型暴雨同频率放大的方法推求设计暴雨的时程分配。按典型暴雨的选择原则，选邻近流域 1998 年 8 月 12～13 日的一场大暴雨作为典型，如表 5-3 第②栏所示。根据典型暴雨过程，经统计典型最大 3h、6h 和 24h 雨量及位置分别为：最大 3h 为第 6 时段 $x_{3,典}=72.7$mm；最大 6h 为第 5～6 时段 $x_{6,典}=105.7$mm；最大 24h 为第 1～8 时段 $x_{24,典}=182.3$mm。

各时段暴雨的放大倍比系数计算如下：

$$K_3=\frac{x_{3,p}}{x_{3,典}}=\frac{96.0}{72.7}=1.32$$

$$K_{6-3}=\frac{x_{6,p}-x_{3,p}}{x_{6,典}-x_{3,典}}=\frac{134.9-96.0}{105.7-72.7}=1.18$$

$$K_{24-6}=\frac{x_{24,p}-x_{6,p}}{x_{24,典}-x_{6,典}}=\frac{219.2-134.9}{182.3-105.7}=1.10$$

将各放大倍比系数填在表 5-3 第③栏与典型暴雨过程相对应的位置上，通过放大计算得设计暴雨过程，如表 5-3 第④栏所示。

表 5-3 某流域设计暴雨时程分配计算表

时段 ($\Delta t=3$h)	①	1	2	3	4	5	6	7	8	合计
典型暴雨过程 (mm)	②	17.5	19.6	0	30.0	33.0	72.7	6.0	3.5	182.3
放大倍比 K_i	③	1.10	1.10	0	1.10	1.18	1.32	1.10	1.10	
设计暴雨过程 (mm)	④	19.3	21.6	0	33.0	38.9	96.0	6.6	3.8	219.2

第三节　综合瞬时单位线法推求设计洪水

由径流形成过程可知，流域的一场暴雨，经过扣除植物截留、填注、下渗和蒸发等损失的产流阶段，和包括坡面汇流与河网汇流的汇流阶段才形成出口断面相应的洪水过程。因此，当推求出流域的设计暴雨之后，还需进行设计暴雨的产流和汇流计算，产流计算就是从暴雨中扣除损失的净雨计算，汇流计算是用综合瞬时单位线等方法把设计净雨过程演算成流域出口断面的洪水过程。

一、设计净雨的计算

流域的产流过程是十分复杂的过程，植物截留、填注、下渗和蒸发等损失无法直接测量，只能用间接的方法对设计暴雨进行扣损，扣损方法很多，但基本上都是建立在降雨径流相关图法和初损后损法基础之上的。

（一）降雨径流相关图法

降雨径流相关图是指流域降雨量与所形成的径流深及影响因素之间的相关曲线。一般以实测的次降雨量 x 为纵坐标，以相应的实测径流深 y 为横坐标，以流域前期影响雨量 P_a 为参数，建立的 $x\sim P_a\sim y$ 相关图或 $x+P_a\sim y$ 合轴相关图，如图 5-1（a）、（b）所示。

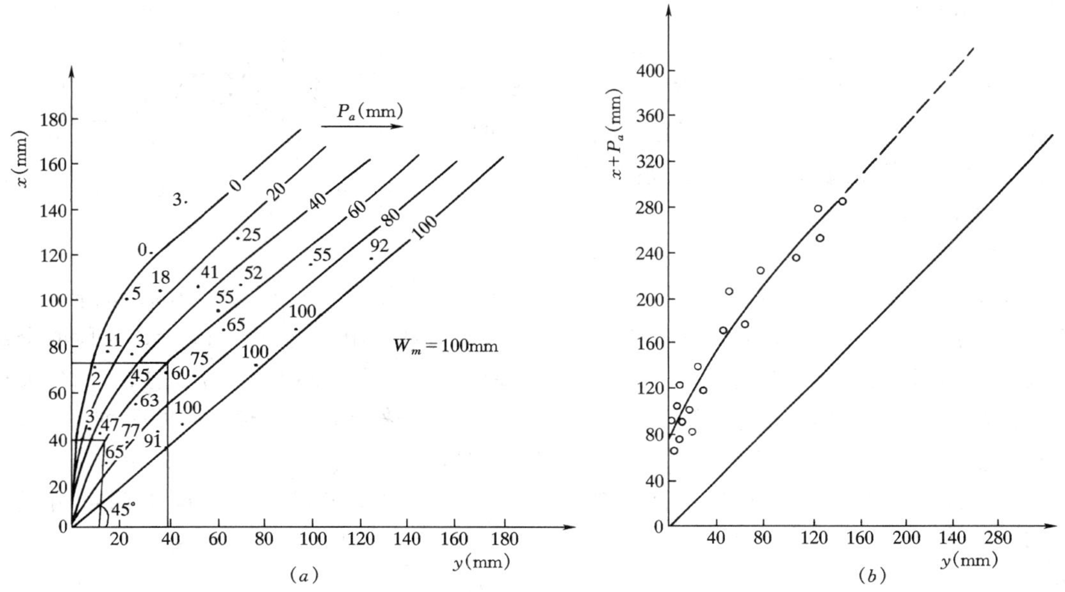

图 5-1 降雨径流相关图

（a）$x\sim P_a\sim y$；（b）$x+P_a\sim y$

利用降雨径流相关图即可由降雨过程推求净雨过程。其方法是：逐时段将降雨雨量累加，然后由时段累加降雨量，查和前期影响雨量相应降雨径流相关曲线得到时段累加径流深，再将相邻时段的累加径流深相减，便得到逐时段的径流深。假设图 5-1 的流域上有一次降雨，降雨开始时的 P_a=60mm，第一时段降雨量 x_1=40.1mm、第二时段降雨量 x_2=32.2mm，则在图 5-1（a）中的 P_a=60mm 的曲线上，先由 x_1=40.1mm，查得径流深 y_1=11.5mm；然后由 x_1+x_2=40.1+32.2=72.3（mm），查得累加径流深 y_1+y_2=38.5（mm），则 y_2=38.5−11.5=27.0（mm）。如为多时段降雨，各时段径流深的查算方法依此类推。如降雨开始时的 P_a 不在某一条等值线上，可内插查算。

次洪径流深（y）是由暴雨（x）扣除损失得到的净雨（h）形成的，从水量平衡的角度来看，径流深（y）等于相应的净雨量（h），因此，从上述降雨径流相关图查径流深是对降雨进行扣损，也就是计算净雨的过程。

需要注意的是，降雨径流相关图是由实测降雨径流资料建立起来的，应用于设计条件时，必须处理如下两方面的问题。

（1）降雨径流相关图的外延。设计暴雨常常超出实测点据范围，使用降雨径流相关图时，需对相关曲线作外延。

（2）设计条件下 $P_{a,p}$ 的确定。有长期实测暴雨洪水资料的流域，可直接计算各次暴雨的 P_a，用频率计算法求得设计值 $P_{a,p}$。有时也用几场大暴雨所分析的 P_a 值，取其平均值作为 $P_{a,p}$ 值。对于缺乏实测资料的小流域，可采用各省（区）《水文手册》（图集）的分析成果。

有的省（区）对降雨径流相关图选配了数学公式；有的省（区）不考虑 P_a，直接建立二变量的降雨径流相关图；有的省（区）还把上述二变量的降雨径流相关图简化成直线形式，亦即径流系数法。具体见各省（区）的《水文手册》（图集）。

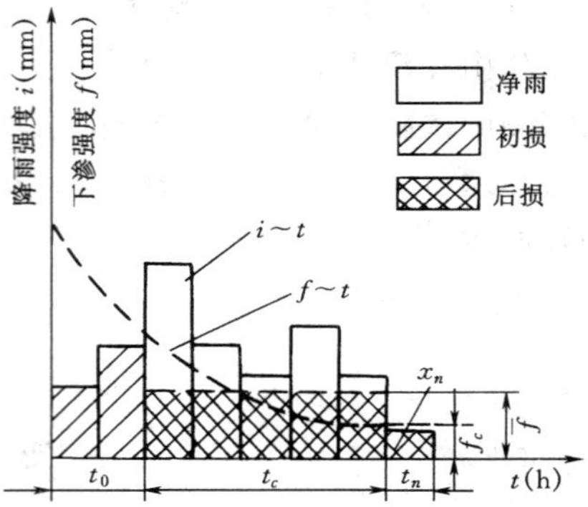

图 5-2　初损后损示意图

（二）初损后损法

初损后损法是将下渗过程简化为初损与后损两个阶段，如图 5-2 所示。从降雨开始到出现超渗产流这一历时为 t_0 阶段的损失量称为初损量，用 I_0 表示，I_0 为该阶段的全部降雨量。初损量除满足植物截留、填洼变为蒸散发外，其余全部下渗。产流以后的损失称为后损，该阶段的损失常用产流历时内的平均下渗率 $\bar{f}$ 来计算。当时段内的平均雨强 $\bar{i}>\bar{f}$ 时，按 $\bar{f}$ 入渗，净雨量为 $x_i-\bar{f}t_c$；反之 $\bar{i}\leqslant\bar{f}$ 时，按 $\bar{i}$ 入渗，此时图中的降雨量 x_n 全部损失，净雨量为零。按水量平衡原理，对于一场降雨所形成的地面净雨深可用下式计算：

$$h_s=x-I_0-\bar{f}t_c-x_n \tag{5-11}$$

式中　h_s——次降雨 x 所形成的地面净雨深，mm；

x——次降雨量，mm；

I_0——初损量，mm；

t_c——产流历时，h；

$\bar{f}$——产流历时内的平均下渗率，mm/h；

x_n——后阶段非产流历时 t_n 内的雨量，mm。

用式（5-11）进行净雨量计算时，必须确定 I_0 与 $\bar{f}$，各省（区）《水文手册》（图集）均刊有 I_0 与 $\bar{f}$ 的分析成果，供缺乏资料的小流域查算。

如果不区分初损与后损，仅考虑一个均化的产流期内的平均损失率，这种简化的扣损方法叫平均损失率法。

初损后损法用于设计条件时，也同样存在外延问题，外延时必须考虑设计暴雨雨强因素的影响。

二、设计净雨的划分

对于湿润地区，一次降雨所产生的径流量包括地面径流和地下径流两部分。由于地面径流和地下径流的汇流特性不同，在推求洪水过程线时要分别处理。为此，在由降雨径流相关图求得设计净雨过程后，需将设计净雨划分为设计地面净雨和设计地下净雨两部分。

按蓄满产流方式，当流域降雨使包气带缺水得到满足后，全部降雨形成径流，其中按稳定入渗率 f_c 入渗的水量形成地下径流 h_g，净雨强度 i 超过 f_c 的那部分水量形成地面径流 h_s。

设时段为 Δt，时段净雨为 h，则

$$i > f_c \quad h_g = f_c \Delta t,\quad h_s = h - h_g = (i - f_c)\Delta t$$
$$i \leqslant f_c \quad h_g = h = i\Delta t,\quad h_s = 0 \tag{5-12}$$

可见，f_c 是个关键数值，只要知道 f_c 就可以将设计净雨划分为 h_s 和 h_g 两部分。f_c 是流域土壤、地质、植被等因素的综合反映。如流域自然条件无显著变化，一般认为 f_c 是不变的，因此 f_c 可通过实测雨洪资料分析求得。各省（区）的《水文手册》（图集）中，刊有 f_c 分析成果，可供无资料的中小流域查用。

对于干旱地区的超渗产流方式，除了有少量的深层地下水外，几乎没有浅层地下径流，因此求得的设计净雨基本上全是地面径流，不存在设计净雨划分的问题。

三、设计地面洪水过程线的计算

流域上设计净雨，经过坡地和河网汇流形成出口断面的设计洪水过程线。其中地面净雨形成地面洪水过程线，地下净雨形成地下径流过程线。下面介绍用综合瞬时单位线推求设计地面洪水过程线的方法。

（一）综合瞬时单位线的概念

瞬时单位线是指流域上均匀分布的瞬时时刻（即 $\Delta t \to 0$），单位为 1 的净雨在出口断面处形成的地面径流过程线。其纵标常以 $u(0, t)$ 或 $u(t)$ 表示，无因次。瞬时单位线可用数学方程式表示。

J. E. 纳希设想流域的汇流可看作是 n 个调蓄作用相同的串联水库的调节，且假定每一个水库的蓄泄关系为线性，则可导出瞬时单位线数学方程为

$$u(t) = \frac{1}{k\Gamma(n)}\left(\frac{t}{k}\right)^{n-1} \mathrm{e}^{-t/k} \tag{5-13}$$

式中 $u(t)$——t 时刻的瞬时单位线的纵高；

n——线性水库的个数；

$\Gamma(n)$——n 的伽玛函数；

k——线性水库的调节系数，具有时间单位。

根据水量平衡原理，瞬时单位线与时间轴所包围的面积为 1.0，即

$$\int_0^{\infty} u(0, t)\mathrm{d}t = 1.0 \tag{5-14}$$

显然，决定瞬时单位线的参数只有 n、k 两个。n 越大，流域调节作用越强；k 值相当于每个线性水库输入与输出的时间差，即滞时。整个流域的调蓄作用所造成的流域滞时为 nk。只要求出流域的 n、k 值，就可推求该流域的瞬时单位线。小流域一般缺乏实测暴雨资料，往往不能直接求得 n、k 值。此时，可根据邻近地区的瞬时单位线的分析成果，建立瞬时单位线的参数与流域特征的经验关系。对于无资料地区，只要知道它的流域特征，便可通过地区经验公式确定瞬时单位线的 n、k 值，从而求得该流域的瞬时单位线。由于上述瞬时单位线参数与流域特征的经验关系是根据地区的各种流域特征资料综合而来

的，故称为综合瞬时单位线。

在实际工作中一般并不直接对 n、k 进行综合，而是根据中间参数 m_1、m_2 等来间接综合，$m_1=nk$，$m_2=\frac{1}{n}$。实践证明，n 值相对稳定，综合的方法比较简单，如湖北省Ⅱ片的 $n=0.529F^{0.25}J^{0.2}$，江苏省山丘区的 $n=3$。因此一般先对 m_1 进行地区综合，根据已确定 n 值，就很容易确定出 k 值。

对 m_1 进行地区综合方法一般是首先通过建立单站的 m_1 与雨强 i 之间的关系，其关系式为 $m_1=ai^{-b}$，求出相应于雨强为 10mm/h（或其它指定值）的 $m_{1,(10)}$。然后根据各站的 $m_{1,(10)}$ 与流域地理因子（如流域面积 F、流域坡度 J 和流域长度 L 等）建立关系，如 $m_{1,(10)}=f(F, J, L, \cdots)$，则 $m_1=m_{1,(10)}(10/i)^b$，从而求得任何雨强 i 相应的 m_1。如湖北省Ⅱ片的 $m_{1,(10)}=1.64F^{0.231}L^{0.131}J^{-0.08}$。其次是对指数 b 进行地区综合。一般 b 随流域面积的增大而减小。有时也可直接对单站的 $m_1\sim i$ 关系式中的 a，b 进行综合，而不经 $m_{1,(10)}$ 的转换，如黑龙江省的 $m_1=CF^{0.27}i^{-0.31}$，C 可查图得到。

（二）综合瞬时单位线的应用

由于瞬时单位线是由瞬时净雨产生的，而实际应用时无法提供瞬时净雨，所以用综合瞬时单位线推求设计地面洪水过程线时，需将瞬时单位线转换成时段为 Δt（与净雨时段相同），净雨深为 10mm 的时段单位线后，再进行汇流计算。

1. 瞬时单位线的 S 曲线

S 曲线是瞬时单位线的积分曲线，其公式为

$$s(t)=\int_0^t u(0, t)\mathrm{d}t=\frac{1}{\Gamma(n)}\int_0^{t/k}\left(\frac{t}{k}\right)^{n-1}\mathrm{e}^{-\frac{t}{k}}d\left(\frac{t}{k}\right) \tag{5-15}$$

公式表明 $S(t)$ 曲线也是参数 n、k 的函数。已制成 $S(t)$ 关系表供查用，见附表 3。

2. 无因次时段单位线

时段 Δt 内，1 个单位净雨在出口断面所形成的地面径流过程为无因次时段单位线。将求出的 $S(t)$ 曲线向后错开一个时段 Δt，即得 $S(t-\Delta t)$ 曲线。两条 S 曲线的纵坐标差即为时段为 Δt 的无因次时段单位线，其计算公式为

$$u(\Delta t, t)=S(t)-S(t-\Delta t) \tag{5-16}$$

3. 有因次时段单位线

时段 Δt 内，10mm 净雨在出口断面所形成的地面径流过程为有因次时段单位线，简称时段单位线或单位线，其纵标常以 $q(\Delta t, t)$、$q(t)$ 或 q_t 表示，单位和流量单位相同。时段单位线所包围的面积 W（径流量）换算成径流深 y 应为 10mm，可据此校核时段单位线。见下式：

$$\frac{3.6\Delta t\sum q_t}{F}=10 \tag{5-17}$$

式中 F——流域面积，km^2；

Δt——单位线时段长，h。

由式（5-17），时段单位线的纵标之和为：$\sum q_t=\frac{10F}{3.6\Delta t}$，而无因次时段单位线的纵

标之和为 $\sum u(\Delta t,\ t)=1.0$。时段单位线的纵高 q_i 与无因次时段单位线的纵高 $u(\Delta t,\ t)$ 之比等于其总和之比，即

$$\frac{q_t}{u(\Delta t,\ t)}=\frac{\sum q_t}{\sum u(\Delta t,\ t)}=\frac{10F}{3.6\Delta t}$$

因此，时段为 Δt、10mm 净雨深时段单位线的纵标为

$$q_t=\frac{10F}{3.6\Delta t}u(\Delta t,\ t) \tag{5-18}$$

4. 汇流计算

由于实际净雨不正好是一个单位时段和一个单位深度。为了方便分析与应用单位线，对单位线做出如下两个基本的假定。

（1）倍比性假定。如果单位时段内的净雨深不是一个单位，而是 n 个，则它所形成的流量过程线，总历时与单位线底宽相同，各时刻流量则为单位线的 n 倍。如图 5-3（a）所示，$\frac{Q_{a_1}}{Q_{b_1}}=\frac{Q_{a_2}}{Q_{b_2}}=\cdots=\frac{h_1}{h_2}$。

（2）叠加性假定。如果地面净雨历时不是一个时段，而是 m 个时段，则各时段净雨深所形成的部分流量过程之间互不干扰，出口断面的流量过程线等于 m 个部分流量过程错开时段相加。如图 5-3(b) 所示，$Q_1=Q_{a_1}+Q_{b_1}$、$Q_2=Q_{a_2}+Q_{b_2}$、…。

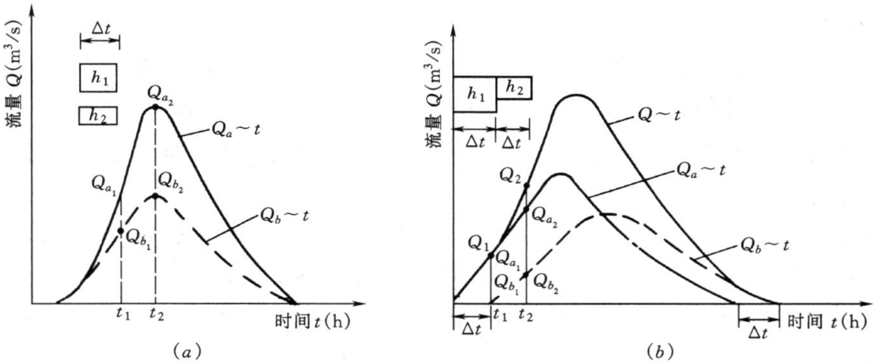

(a)　　(b)

图 5-3　单位线的特性示意图

（a）倍比性；（b）叠加性

根据单位线的定义及倍比性和叠加性假定，用各时段设计地面净雨（换算成 10 的倍数）分别去乘单位线的纵高得到对应的部分地面径流过程，然后把它们分别错开一个时段后叠加即得到设计地面洪水过程。计算公式如下：

$$Q_s(t)=\sum_{i=1}^{m}\frac{h_{si}}{10}q_{t-i+1} \tag{5-19}$$

式中　m——为地面净雨 h_{si} 的时段数，$i=1$、2、…、m。

上述计算过程用电子表格 Excel 软件计算十分方便，$S(t)$ 不用查表，可通过内置函数 GAMMADIST（t，n，k，1）直接得出，例 5-2 就是用 Excel 软件计算的结果。

四、设计洪水过程线的推求

综合瞬时单位线只推求流域设计地面洪水过程线，湿润地区的设计洪水过程线还包括设计地下洪水过程线。如果流域的基流量较大，不可忽略时，则还需平加上基流。所以，湿润地区的设计洪水过程线是设计地面洪水过程线、设计地下洪水过程线和基流三部分叠加而成的。干旱地区的设计地面洪水过程线就为所求的设计洪水过程线。

设计地下洪水过程线可采用下述简化三角形方法推求。该法认为地面、地下径流的起涨点相同，由于地下汇流较地面汇流缓慢，所以将地下径流过程线概化为三角形过程，且将峰值放在地面径流过程的终止点。三角形面积为地下径流总量 W_g，计算式为

$$W_g = \frac{Q_{m,g} T_g}{2} \tag{5-20}$$

而地下径流总量等于地下净雨总量，即 $W_g = 1000 h_g F$，因此

$$Q_{m,g} = \frac{2W_g}{T_g} = \frac{2000 h_g F}{T_g} \tag{5-21}$$

式中 $Q_{m,g}$——地下径流过程线的洪峰流量，m^3/s；

T_g——地下径流过程总历时，s；

h_g——地下净雨深，mm；

F——流域面积，km^2。

按上式可计算出地下径流的峰值，其底宽一般取地面径流过程的 2～3 倍，由此可推求出地下径流过程。

【例 5-2】 某流域处于湿润地区，流域面积 $F=184km^2$，干流平均坡度 $J=0.01$，$p=1\%$的设计暴雨过程见例 5-1。已知降雨初损量 $I_0=41.0mm$，产流期平均下渗率 $\overline{f}=3.0mm/h$，地下径流历时为地面径流的 2 倍，基流 $Q_基=5.00m^3/s$。求该流域 $p=1\%$的设计洪水。

解：（1）设计净雨的计算。从降雨开始累计至第 2 时段的降雨量 40.9mm 视为初损，列于 5-4 第③栏。后面时段，当降雨强度大于平均下渗率 $\overline{f}$，按 $\overline{f}$ 计算下渗量，超出部分为地面净雨；当降雨强度小于等于平均下渗率 $\overline{f}$ 时，降雨量全部下渗，不产生地面净雨。算出的下渗雨量视为地下净雨。地下和地面净雨见表 5-4 第④、⑤栏。

表 5-4 　　某流域设计净雨计算表　　单位：mm

时段（Δt=3h）	①	1	2	3	4	5	6	7	8	合计
设计暴雨 x_p	②	19.3	21.6	0	33.0	38.9	96.0	6.6	3.8	219.2
初损 I_0	③	19.3	21.6							40.9
地下净雨 $h_{g,p}$	④				9.0	9.0	9.0	6.6	3.8	37.4
地面净雨 $h_{s,p}$	⑤				24.0	29.9	87.0			140.9

（2）推求瞬时单位线和时段单位线。根据该流域所在的区域，查《水文手册》得 $n=1.5$，$m_1=2.5\ (F/J)^{0.14}=9.9$，则 $k=m_1/n=9.9/1.5=6.6$ (h)。

因 $\Delta t=3h$，用 $t=N\Delta t$，$N=0、1、2、\cdots$，算出 t，填入表 5-5 中的第①栏。

由参数 $n=1.5$、$k=6.6$，计算 t/k，见第③栏，查附表 3 得瞬时单位线的 $S(t)$ 曲

线，见第④栏。

将 S（t）曲线顺时序向后移一个时段 Δt，得 S（$t-3$）曲线，见第⑤栏，用式（5-16）计算无因次时段单位线 u（3，t），见第⑥栏。

表 5-5　　设计洪水过程线计算表

t (h)	$h_{s,p}$ (mm)	t/k	$S(t)$	$S(t-3)$	$u(3,t)$	q_t (m^3/s)	部分径流(m^3/s)			$Q_{s,p}$ (m^3/s)	$Q_{g,p}$ (m^3/s)	$Q_基$ (m^3/s)	Q_p (m^3/s)
							24.0	29.9	87.0				
①	②	③	④	⑤	⑥	⑦	⑧			⑨	⑩	⑪	⑫
0	24.0	0.0	0.000		0.000	0.0	0.0			0.0	0.0	5.00	5.00
3	29.9	0.5	0.177	0.000	0.177	30.2	72.4	0.0		72.4	1.97	5.00	79.4
6	87.0	0.9	0.390	0.177	0.212	36.2	86.9	90.2	0.0	177.1	3.94	5.00	186
9		1.4	0.565	0.390	0.175	29.9	71.7	108.2	262.5	442.5	5.91	5.00	453
12		1.8	0.697	0.565	0.132	22.5	54.0	89.4	315.0	458.4	7.88	5.00	471
15		2.3	0.792	0.697	0.095	16.2	38.9	67.3	260.1	366.3	9.85	5.00	381
18		2.7	0.859	0.792	0.067	11.4	27.3	48.5	195.8	271.6	11.8	5.00	288
21		3.2	0.905	0.859	0.046	7.9	18.8	34.0	141.0	193.9	13.8	5.00	213
24		3.6	0.937	0.905	0.031	5.4	12.8	23.5	99.0	135.3	15.7	5.00	156
27		4.1	0.958	0.937	0.021	3.6	8.7	16.0	68.3	93.0	17.7	5.00	116
30		4.6	0.972	0.958	0.014	2.4	5.8	10.8	46.6	63.2	19.7	5.00	87.9
33		5.0	0.982	0.972	0.009	1.6	3.9	7.3	31.5	42.6	21.6	5.00	69.2
36		5.5	0.988	0.982	0.006	1.1	2.6	4.8	21.1	28.5	23.6	5.00	57.1
39		5.9	0.992	0.988	0.004	0.7	1.7	3.2	14.1	19.0	25.6	5.00	49.6
42		6.4	0.995	0.992	0.003	0.5	1.1	2.1	9.3	12.6	27.5	5.00	45.1
45		6.8	0.998	0.995	0.002	0.3	0.7	1.4	6.2	8.3	29.5	5.00	42.8
48		7.3	0.998	0.998	0.000	0.0	0.0	0.9	4.1	5.0	31.5	5.00	41.5
51								0.0	2.7	2.7	33.4	5.00	41.1
54									0.0	0.0	35.4	5.00	40.4
57											33.4	5.00	38.4
合计					1.0	169.8							

用式（5-18），将⑥栏中的无因次时段单位线转换为时段为 3h、净雨为 10mm 的有因次时段单位线 q_t，填入第⑦栏。

$$q_t=\frac{10F}{3.6\Delta t}u(3,\ t)=170.4u(3,\ t)$$

检验时段单位线：$y=\frac{3.6\Delta t\sum q_t}{F}=\frac{3.6\times 3\times 169.8}{184}=10$（mm），计算正确。

（3）设计洪水过程线的推求。根据单位线的特性，将各时段设计地面净雨换算成 10 的倍数后，分别去乘单位线的纵标得到相应的部分地面径流过程，然后把它们分别错开一个时段后叠加便得到设计地面洪水过程。即用式（5-19）计算，见第⑧、⑨栏。

计算设计地下径流过程。$T_g = 2T_s = 2 \times 54 \times 3600 = 388800$ (s)，由表 5-4，地下净雨总量为 37.4mm，根据式 (5-21) 计算得 $Q_{m,g} = 35.4 \mathrm{m^3/s}$，按直线比例内插得每一时段地下径流的涨落均为 $1.97 \mathrm{m^3/s}$。经计算即可得出第⑩栏的设计地下径流过程。

将设计地面径流、地下径流及基流相加得设计洪水过程线，见第⑫栏。

第四节　推理公式法推求设计洪峰流量

推理公式法是由暴雨资料推求设计洪水的一种简化方法。它是把流域上的产流、汇流条件均匀概化以后，经过一定的推理过程，得出的小流域设计洪峰流量的推求方法。推理公式方法很多，这里只介绍在水利水电部门中应用最广泛的水科院推理公式法。

一、推理公式法的计算公式

（一）推理公式法的概化假定

(1) 在流域汇流时间 τ 内，暴雨强度和损失强度不随时、空变化，即净雨强度不变，如汇流时间 τ 内的净雨量 h_τ，净雨强度可用平均净雨强度 $\frac{h_\tau}{\tau}$ 来表示。

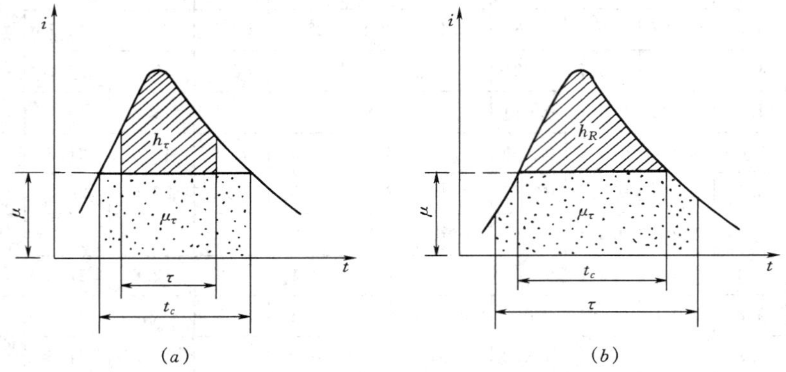

图 5-4　两种汇流情况示意图

(a) 全面汇流；(b) 部分汇流

记损失强度为 μ，如图 5-4 所示，μ 值的水平线在降雨瞬时强度过程线 $i \sim t$ 上把降雨分成损失量和净雨量两部分，该线在 $i \sim t$ 过程线上所截取的时距为净雨历时，也叫产流历时，记为 t_c。经推导，净雨历时 t_c 可用下式计算：

$$t_c = \left[(1-n) \frac{S}{\mu} \right]^{\frac{1}{n}} \tag{5-22}$$

式中　S——雨力，即 $t = 1\mathrm{h}$ 时的暴雨平均强度；

n——暴雨衰减指数。

(2) 流域面积概化成矩形，且沿流程的汇流速度不变。

设流域的最大汇流长度为 L，净雨沿 L 从分水岭最远点流到流域出口断面的时间为流域汇流时间，记为 τ。汇流时间 τ 的计算公式如下：

$$\tau = \frac{0.278L}{mJ^{1/3}Q_m^{1/4}} \tag{5-23}$$

式中 Q_m——流域出口断面的洪峰流量；

m——流域汇流参数；

J——流域的平均坡度；

0.278——单位换算系数。

根据该假定，流域的汇流面积随汇流时间的变化符合线性关系，记净雨历时 t_c 相应的部分汇流面积为 F_{t_c}，汇流时间 τ 相应的整个流域面积为 F，那么

$$F_{t_c} = \frac{F}{\tau}t_c \tag{5-24}$$

（二）推理公式的基本形式

根据流域汇流原理，流域净雨强度和一定流域面积的乘积形成流域出口断面的流量，当此乘积最大时即为洪峰流量。洪峰流量的计算，根据流域净雨历时 t_c 和流域汇流时间 τ 的关系，分成 $t_c \geqslant \tau$ 和 $t_c < \tau$ 两种情况，如图 5-4 所示。

当 $t_c \geqslant \tau$ 时，降雨充分，全部流域面积（F）、部分净雨（h_τ）形成洪峰流量，称全面汇流。流域出口断面的洪峰流量 Q_m 为

$$Q_m = 0.278\frac{h_\tau}{\tau}F \tag{5-25}$$

当 $t_c < \tau$ 时，降雨不充分，部分面积（F_{t_c}）、全部净雨（h_R）形成洪峰流量，称部分汇流。流域出口断面的洪峰流量 Q_m 为

$$Q_m = 0.278\frac{h_R}{t_c}F_{t_c} \tag{5-26}$$

将式（5-24）代入上式，则部分汇流计算洪峰流量的简化公式为

$$Q_m = 0.278\frac{h_R}{\tau}F \tag{5-27}$$

式（5-25）和式（5-27）即为水科院推理公式的基本形式。

（三）洪峰流量的计算公式

当 $t_c \geqslant \tau$ 时，汇流时间 τ 内的净雨 h_τ 计算如下：

$$h_\tau = (\bar{i}_\tau - \mu)\tau = S\tau^{1-n} - \mu\tau \tag{5-28}$$

当 $t_c < \tau$ 时，产流历时 t_c 内的净雨 h_R 计算如下：

$$h_R = (\bar{i}_{t_c} - \mu)t_c = St_c^{1-n} - \mu t_c = nSt_c^{1-n} \tag{5-29}$$

式中 $\bar{i}_\tau$、$\bar{i}_{t_c}$——汇流时间与产流历时内的平均雨强。

将式（5-28）、（5-29）分别代入式（5-25）、（5-27），并与式（5-23）联立，得到设计条件下（设计频率为 p）的洪峰流量的计算公式如下：

$$\begin{cases} Q_{m,p} = \begin{cases} 0.278\left(\dfrac{S_p}{\tau^n} - \mu\right)F & (t_c \geqslant \tau) \quad (5-30a) \\ 0.278\dfrac{nS_pt_c^{1-n}}{\tau}F & (t_c < \tau) \quad (5-30b) \end{cases} \\ \tau = 0.278\dfrac{L}{mJ^{1/3}Q_{m,p}^{1/4}} \quad (5-31) \end{cases}$$

式中，设计洪峰流量 $Q_{m,p}$ 的单位为 m^3/s，时间 t_c 和 τ 的单位为 h，雨力 S_p 和损失强度 μ 的单位为 mm/h，流域面积的单位为 km^2，河长的单位为 km，流域坡度以小数计，暴雨衰减指数 n 和流域汇流参数 m 均为无量纲的参数，0.278 为上述单位的换算系数。

二、产、汇流参数的确定

由式（5－30）、式（5－31）可知，推理公式法计算小流域设计洪峰流量的参数有三类：流域特征参数 F、J、L；设计暴雨特性参数 n、S_p；流域产、汇流参数 μ、m。设计洪峰流量 $Q_{m,p}$ 可以看成是上述三类参数的函数，即

$$Q_{m,p}=f(F、L、J;\quad n、S_p;\quad \mu、m)$$

流域特性参数与设计暴雨特性参数可根据第一章及本章第二节的方法确定，因此这里主要介绍产、汇流参数的确定。

损失强度 μ 代表产流历时 t_c 内地面平均入渗率，故称产流参数。推理公式法假定流域各点的损失相同，把 μ 视为常数。μ 值的大小与所在地区的土壤透水性能、植被情况、降雨量的大小及分配、前期影响雨量等因素有关，不同地区其数值不同，且变化较大。

汇流参数 m 是流域中反映水力因素的一个指标，用以说明洪水汇集的特性。与流域地形、植被、坡度、河道糙率和河道断面形状等因素有关。一般可根据雨洪资料反算，然后进行地区综合，建立它与流域特征因素间的关系，以解决无资料地区确定 m 的问题。

各省在分析大暴雨洪水资料后都提供了 μ 和 m 值的地区综合简便算法，可在当地的《水文手册》（图集）中查到。

三、设计洪峰流量的计算

应用推理公式推求设计洪峰流量的方法很多，由于计算机的普及，这里仅介绍简单实用的试算法。

该法是以试算的方式联解方程（5－30）和式（5－31），其试算过程如图 5－5 所示。

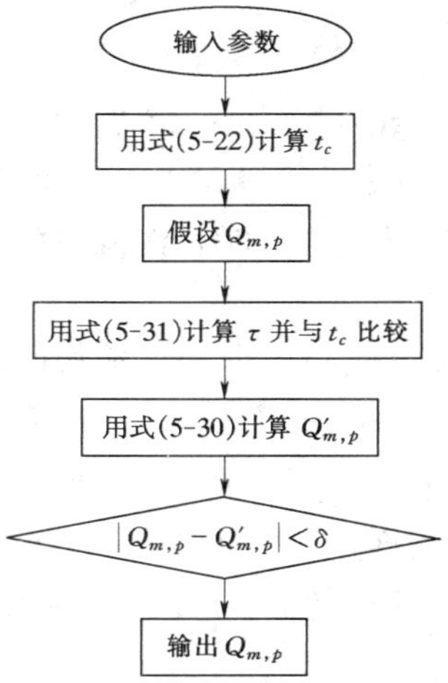

图 5－5　试算法框图

具体计算步骤如下：

(1) 通过对设计流域调查了解，结合当地的《水文手册》（图集）及流域地形图，确定流域的几何特征值 F、L、J，暴雨的统计参数（$\overline{x}$、C_v、C_s/C_v）及暴雨公式中的参数 n、产流参数 μ 及汇流参数 m。

(2) 计算设计暴雨的雨力 S_p 与雨量 $x_{t,p}$，并由产流参数 μ 计算设计净雨历时 t_c。

(3) 将 F、L、J、t_c、m 代入式（5－30）和式（5－31），其中 $Q_{m,p}$、τ 未知，两个方程均为隐式形式，采用试算求解。试算的步骤为：先假设一个 $Q_{m,p}$，代入式（5－31）计算出一个相应的 τ，将它与 t_c 比较，判断属于何种汇流情况，选用式（5－30a）或式（5－30b），算出一个 $Q'_{m,p}$，若 $Q'_{m,p}$ 与假设的 $Q_{m,p}$ 一致（误差 δ 在 1%以内），则该 $Q_{m,p}$ 及 τ 即为所求；否则，另设 $Q_{m,p}$ 重复上述试算步骤，直至满足要求为止。

【例 5－3】 在某小流域拟建一小型水库，已知该水库所在流域为山区且土质为粘

土。其流域面积 $F=184\text{km}^2$，流域的长度 $L=45\text{km}$，平均坡度 $J=0.01$，流域的暴雨资料同例 5-1。试用推理公式法计算坝址处 $p=1\%$的设计洪峰流量。

解：(1) 设计暴雨参数计算。根据例 5-1 资料，由式（5-8）和式（5-6）计算暴雨的衰减指数 $n_{6,24}$ 和设计雨力 S_p 如下：

$$n_{6,24}=1+1.661\lg\frac{x_{6,p}}{x_{24,p}}=1+1.661\lg\frac{168.6}{274.0}=0.65$$

$$S_p=x_{24,p}24^{n_{6,24}-1}=274.0\times 24^{0.65-1}=90.0\ (\text{mm/h})$$

(2) 设计净雨历时计算。根据该流域的自然地理特性，查当地《水文手册》(图集)，得设计条件下的产流参数 $\mu=3.0\text{mm/h}$，按式（5-22）计算净雨历时 t_c 为

$$t_c=\left[(1-n)\frac{S_p}{\mu}\right]^{\frac{1}{n}}=\left[(1-0.65)\frac{90.0}{3.0}\right]^{\frac{1}{0.65}}=37.2\ (\text{h})$$

(3) 计算设计洪峰流量。根据该流域的汇流条件，由 $\theta=L/J^{1/3}=208.9$，查该省《水文手册》(图集)确定本流域的汇流系数为 $m=0.28\theta^{0.1427}=0.60$

假设 $Q_{m,p}=600\text{m}^3/\text{s}$，代入式（5-31），计算汇流历时 τ 为

$$\tau=\frac{0.278L}{mJ^{1/3}Q_{m,p}^{1/4}}=19.6\ (\text{h})$$

因 $t_c>\tau$，属于全面汇流，由式（5-30a）计算得

$$Q_{m,p}=0.278\left(\frac{S_p}{\tau^n}-\mu\right)F=0.278\times\left(\frac{90.0}{19.6^{0.65}}-0.3\right)\times 184=512\ (\text{m}^3/\text{s})$$

所求结果与原假设不符，应重新假设 $Q_{m,p}$ 值，经试算求得 $Q_{m,p}=492\text{m}^3/\text{s}$。

事实上，用电子表格 Excel 软件“工具”中的“单变量求解”或“选项”内“重新计算”中的“迭代计算”，均可准确、快速联解式（5-30）和式（5-31），引用判断函数 IF 自动识别 t_c 和 τ 的关系及式（5-30）中相应的计算公式，就能十分方便地计算出推理公式法不同汇流方式下的设计洪峰流量和汇流时间。

其中，“单变量求解”须将式（5-31）变换为反求洪峰流量 $Q'_{m,p}$ 的形式，并构造目标公式 $objective=Q_{m,p}-Q'_{m,p}$。而选择“重新计算”，可人为设定迭代计算的精度。

由例 5-2 和例 5-3 可见，对于同一流域相同的设计暴雨，用综合瞬时单位线法和推理公式法推求的设计洪峰流量基本一致。

第五节　其它方法推求设计洪峰流量

一、洪水频率计算法

当设计流域具有一定数量的实测洪水资料，可直接由流量资料通过频率计算，推求设计洪峰量。视洪水资料的多少，按洪水资料不足和洪水资料缺乏两种情况计算。

(一) 洪水资料不足情况下设计洪峰流量的计算

1. 洪峰流量资料的选样

洪峰流量频率计算是把洪峰流量当作随机变量，河流每发生一次洪水，出现洪峰流量就相当于随机变量取值。为了使随机变量取值满足随机独立性的要求，洪峰流量通常用年最大值法选样，即每年挑选一个最大的瞬时洪峰流量。若有 n 年资料，则可得到由 n 个

最大洪峰流量构成的样本系列。

2. 洪峰流量资料的插补延长

小流域水文站观测系列较短，或在观测期内有缺测的年份，为了使洪水系列有代表性，减少抽样误差，应根据不同的资料条件进行插补延长。

(1) 当测站水位观测系列较长，流量观测系列较短时，可利用本站水位流量关系推算流量。

(2) 当上下游邻近站（即参证站）的流域面积与设计站（或设计断面）的流域面积相差不超过 3%，且区间无分洪、滞洪设施时，可将上下游邻近站的洪峰流量直接移用于设计站。若区间面积超过 3%，但小于 20%，且全流域的暴雨分布较均匀，可按面积比移用，计算公式如下：

$$Q_{m设}=\left(\frac{F_{设}}{F_{参}}\right)^{n}Q_{m参} \tag{5-32}$$

式中 $Q_{m设}$、$Q_{m参}$——设计站及参证站的洪峰流量；

$F_{设}$、$F_{参}$——设计站及参证站的流域面积；

n——指数，介于 0.5～1.0 之间，可根据本流域及邻近河流上下游测站的实测或调查洪水资料分析确定。

(3) 如果在设计站上下游不远处均有观测资料，可按流域面积直线内插，即

$$Q_{m设}=Q_{m参上}+(Q_{m参下}-Q_{m参上})\frac{F_{设}-F_{参上}}{F_{参下}-F_{参上}} \tag{5-33}$$

式中 $Q_{m参上}$、$Q_{m参下}$——上游参证站及下游参证站的洪峰流量；

$F_{参上}$、$F_{参下}$——上游参证站及下游参证站的流域面积。

(4) 当区间面积不大时，可直接建立设计站与上（下）游站洪峰流量的相关关系，插补延长设计站的洪峰流量。如果区间面积较大，可以考虑用区间暴雨量作为参数。

3. 历史特大洪水及其调查

历史特大洪水是指过去发生而水文站未测到的特大洪水。和历史特大暴雨的作用一样，历史洪水加入频率计算，可以起到展延系列，减少抽样误差，提高成果精度与可靠性的作用。

关于历史特大洪水的调查与估算参见第二章水文调查方面的内容。

4. 设计洪峰流量的推求

设计洪峰流量在实测及插补延长洪峰流量系列的基础上，经过配点适线法频率计算推求。含有特大洪水的洪峰流量系列经验频率和统计参数的计算、配点适线方法和原则以及查读设计值等和设计暴雨频率计算的方法基本相同，此处不再重述。

（二）洪水资料缺乏情况下设计洪峰流量的估算

如果设计站缺乏实测洪水资料，可通过洪水调查或临时设站观测，以获取一次或几次大洪水资料，采用直接选配频率曲线、地区洪峰流量综合频率曲线和历史洪水加成法估算设计洪峰流量，即所谓的调查洪水法。

1. 直接选配频率曲线法

如果获得的 3～4 个以上大洪水资料，可用经验频率公式计算出每个洪水洪峰流量的

频率并点绘到频率格纸上，选配一条与经验点据配合很好的频率曲线，然后将其统计参数与邻近流域进行比较，检查其合理性，若有不合理之处，应对参数进行适当调整。有了频率曲线就可以查出某一频率的设计洪峰流量。

2. 地区洪峰流量的综合频率曲线法

该法首先将水文分区内各站的各种频率的模比系数，点绘在同一张频率格纸上，然后在图上取各种频率模比系数的中值（或均值），绘一条综合的频率曲线，这就是洪峰流量地区综合频率曲线。因为该线的坐标是相对值，所以该区内各地都可使用。

假设在设计断面处只调查到一次大洪水，由估算的重现期计算的经验频率为 p_1，其洪峰流量为 Q_{m,p_1}，则频率为 p 的设计洪峰流量 $Q_{m,p}$ 可按下式计算：

$$Q_{m,p}=\frac{k_1}{k_p}Q_{m,p_1} \tag{5-34}$$

式中　k_1、k_p——在综合频率曲线上查出的相应 p_1、p 的模比系数。

若历史洪水不止一个时，则可用同样的方法求出几个设计洪峰流量，取其均值，即为所求。

3. 历史洪水加成法

该方法是将调查的历史洪水的洪峰流量加上一定的成数（或不加成数）直接作为设计洪峰流量。在有比较可靠的历史洪水调查数据，而其稀遇程度又基本上能够达到工程设计标准时，此方法有一定的现实意义。

二、经验公式法

经验公式是根据本地区实测洪水资料或调查的相关洪水资料进行综合归纳，直接建立洪峰流量与影响因素之间经验相关关系，用数学方程或图示表示洪水特征值的方法。经验公式方法简单，应用方便，如果公式能考虑到影响洪峰流量的主要因素，且建立公式时所依据的资料有较好的可靠性与代表性时，则计算成果可以有很好的精度。按建立公式时考虑的因素，经验公式可分为单因素公式与多因素公式。

（一）单因素经验公式

以流域面积为参数的单因素经验公式是经验公式中最为简单的一种形式。它认为流域面积是影响洪峰流量的主要影响因素，其它因素可用一些综合参数表达，公式的形式为

$$Q_{m,p}=C_pF^n \tag{5-35}$$

式中　$Q_{m,p}$——频率为 p 的设计洪峰流量，m^3/s；

C_p、n——经验系数和经验指数；

F——流域面积，km^2。

（二）多因素公式

多因素经验公式是以流域特征与设计暴雨等主要影响因素为参数建立的经验公式。它认为洪峰流量主要受流域面积、流域形状与设计暴雨等因素的影响，而其他因素可用一些综合参数表达，公式的形式为

$$Q_{m,p}=Cx_{24,p}F^n \tag{5-36}$$

$$Q_{m,p}=Ch_{24,p}^{\alpha}K^mF^n \tag{5-37}$$

式中　$x_{24,p}$、$h_{24,p}$——分别为最大 24 小时设计暴雨量与净雨量；

C、α、m、n——为经验参数和经验指数；

K——为流域形状系数。

经验公式不着眼于流域的产汇流原理，只进行该地区资料的统计归纳，故地区性很强，两个流域洪峰流量公式的基本形式相同，它们的参数和系数会相差很大。所以，外延时一定要谨慎。很多省（区）的《水文手册》（图集）上都刊有经验公式，使用时一定要注意公式的适用范围。

第六节 设计洪水过程线的绘制

上述小流域设计洪水的计算除了综合瞬时单位线法直接求得设计洪水过程线外，其它只是求得设计洪峰流量，一些中小型蓄水工程，对洪水能起一定的调节作用，能滞蓄部分洪量，使洪峰流量有所削减，为此需要绘制设计洪水过程线。

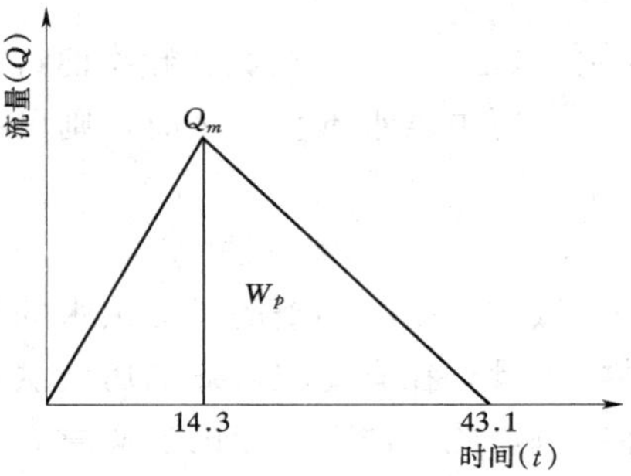

图 5-6 三角形洪水过程线图

一、三角形概化过程线

三角形概化过程线是一种最简单的概化过程线，假定涨洪和落洪均呈直线变化，如图 5-6 所示。

首先计算设计洪水总量。其计算公式如下：

$$W_p = 0.1 h_{R,p} F \quad (5-38)$$

式中 W_p——设计洪水总量，万 m^3；

$h_{R,p}$——频率为 p 的降雨在产流历时 t_c 时段内的净雨量，或采用最大 24h 设计暴雨所产生的净雨量，mm；

F——流域面积，km^2；

0.1——单位换算系数。

三角形洪水过程线的总历时为

$$T = T_1 + T_2 = \frac{2W_p}{Q_{m,p}} \quad (5-39)$$

式中 T、T_1、T_2——设计洪水过程的总历时、涨洪历时、退洪历时，s；T_2 应大于 T_1，令 $T_2/T_1 = r$，其取值一般在 1.5～3.0 之间。

【例 5-4】 在例 5-3 中，若将设计洪水过程概化为三角形，且 $r=2$，试计算该流域 $p=1\%$ 的设计洪水过程线。

解：(1) 根据例 5-3 中的资料用式（5-29）计算 $h_{R,p}$

$$h_{R,p} = S_p t_c^{1-n} - \mu t_c = 90.0 \times 37.2^{1-0.65} - 3.0 \times 37.2 = 207.5\ (\text{mm})$$

(2) 根据式（5-38）求得设计洪水总量 W_p 为

$$W_p = 0.1 h_{R,p} F = 0.1 \times 207.5 \times 184 = 3818\ (万\ m^3)$$

(3) 按式（5-39），计算洪水总历时 T 为

$$T = \frac{2W_p}{Q_{m,p}} = \frac{2 \times 3818 \times 10^4}{492 \times 3600} = 43.1\ (\text{h})$$

由于 $T=T_1+T_2=T_1+2T_1=3T_1$，因此，$T_1=\frac{43.1}{3}=14.3(\mathrm{h})$，$T_2=T-T_1=29.7(\mathrm{h})$

设计洪水过程线如图 5-6 所示。

二、五边形概化过程线

为了使设计洪水过程线接近于实际情况，有些地区根据小流域实测洪水过程线的特点，在三角形过程线上的涨落水段各加一控制点，如江西省提出的五边形概化过程线，如图 5-7 所示，洪水总历时 T 按下式计算：

$$T=9.66\frac{W_p}{Q_{m,p}} \tag{5-40}$$

将求得的 W_p、$Q_{m,p}$ 代入式（5-40）算出洪水总历时 T，洪水过程线各控制点 A、B、C、D、E 的坐标位置就可按图示算出，从而得到设计洪水过程线。

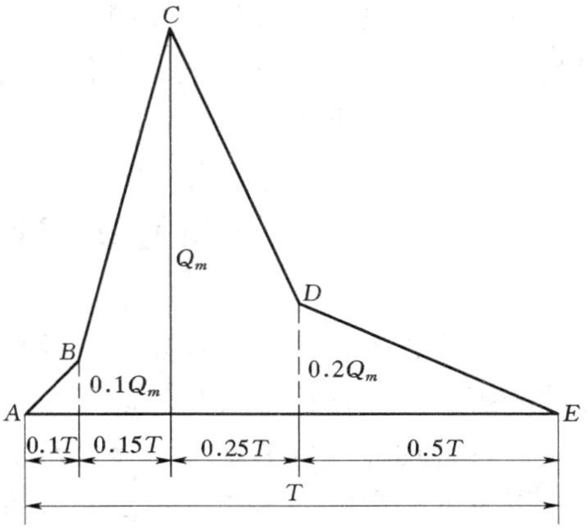

图 5-7　五边形概化过程线图

三、典型洪水过程线

典型洪水过程线是对所选择的典型洪水过程乘以某一倍比系数，使放大后的洪水过程线的洪峰流量（或洪量）等于设计洪峰流量（或洪量）。

首先按下述原则在实测洪水资料中选择典型洪水过程：①接近设计条件的，即峰高量大的；②对工程不利的，即峰型集中，主峰偏后的；③对本流域洪水有代表性的，即其发生的季节、时间、地区组成、峰型特征、历时等能反映本流域大洪水的一般特征。

将典型洪水过程各时刻的流量都按同一个倍比值进行放大求得设计洪水过程线，其公式为

$$Q_p(t)=KQ_D(t) \tag{5-41}$$

式中　$Q_p(t)$——设计洪水过程的流量，m^3/s；

$Q_D(t)$——典型洪水过程的流量，m^3/s；

K——放大系数。

当水库的调洪库容比较小，洪峰流量对防洪安全起控制作用时，以峰控制求得放大系数如下：

$$K=K_Q=\frac{Q_{m,p}}{Q_{m,D}} \tag{5-42}$$

式中　$Q_{m,p}$——设计洪峰流量，m^3/s；

$Q_{m,D}$——典型洪峰流量，m^3/s。

当水库的调洪库容较大，泄量也较大，洪量对防洪安全起主要作用时，以量控制求得的放大系数如下：

$$K=K_W=\frac{W_{T,p}}{W_{T,D}} \tag{5-43}$$

式中　$W_{T,p}$——T 时段设计洪量，m^3、万 m^3 或 $(m^3/s)\cdot$日；

$W_{T,D}$——T 时段典型过程的洪量，m^3、万 m^3 或（m^3/s）·日。

四、标准概化过程线

标准概化过程线是根据实测典型洪水资料综合出来的，以 Q_i/Q_m 为纵坐标，t_i/T 为横坐标的无因次洪水过程线。在使用时，用 $Q_{m,p}$、T 分别乘以标准过程线的纵、横坐标值，便得到设计洪水过程线。

第七节　设计洪水成果合理性分析

为了防止因资料代表性差，或计算方法的不足带来的偏差，应对设计洪水成果进行合理性分析，以保证设计成果的质量。

进行合理性分析的基本途径是水量平衡检查、洪水统计参数及设计值的地区分布规律分析以及各种影响因素与洪水之间关系的合理性分析。

一、本站各洪水要素分析成果之间的比较

在洪水资料充分的流域，可分别对洪峰流量、各时段洪量进行频率计算，这时应先从本站各种历时洪量频率曲线之间的关系来检查。要求不同历时洪量的频率曲线在同一张频率格纸上两端使用的范围内不得交叉，并保持合理的间距。

其次是分析洪峰流量与不同时段洪量统计参数之间的关系。一般情况下，各种时段的洪量与洪峰流量的统计参数或设计值之间存在某种关系，比如洪峰流量均值或设计值与各个时段洪量均值或设计值的时段平均值应是逐渐减小的，即

$$\overline{Q}_m > \frac{\overline{W}_{t_1}}{t_1} > \frac{\overline{W}_{t_2}}{t_2} > \frac{\overline{W}_{t_3}}{t_3} > \cdots \qquad (t_1 < t_2 < t_3 < \cdots)$$

变差系数 C_v 也有一定的变化规律，多数情况下不同时段的洪量变差系数 C_v 随时段增长而减小，但也有特殊情况，应结合具体情况具体分析。

二、与上下游及邻近地区河流测站的分析成果比较

在一条河流的上下游或同一地区的洪水具有一定的水文共性，可对各自各种计算参数和计算成果进行地区上的综合分析，论证其合理性。

同一条河流，如上下游相距较近，气候地形等条件差异不显著，则洪峰流量及洪量的均值或设计值应从上游往下游递增，而洪水模数（洪峰流量模数或不同历时洪量模数）则由上游向下游递减，变差系数 C_v 往往由上游向下游呈递减趋势；当上下游气候及自然地理条件差异显著时，各项参数及设计值的变化较为复杂，需结合具体的自然地理及暴雨分布特征等因素加以分析，判断是否符合一定的规律。

与相邻河流计算成果比较时，通常由洪峰流量模数的变化规律论证。一般情况下，洪峰流量模数随流域面积的增加而减少。在暴雨天气和地理条件比较一致的地区，洪峰流量和时段洪量的均值或设计值与流域面积之间一般具有 $Q_m = CF^n$ 或 $W_t = CF^n t$ 的关系，可通过这种关系在地区上进行合理性分析。也可将稀遇的设计洪峰流量与本地区或国内外的最大流量记录进行对比，如差别很大，就要分析其原因。

国内外的最大流量记录如图 5-8 所示。

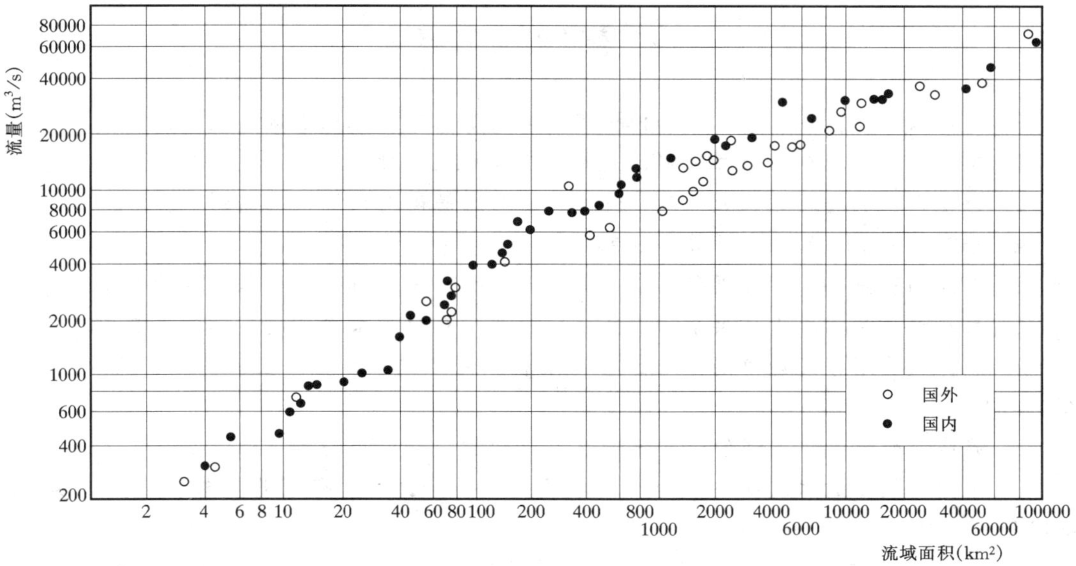

图 5－8　国内外实测和调查最大流量与流域面积的关系

三、与暴雨频率分析计算成果比较

暴雨与洪水之间有着密切的成因联系。因此，暴雨统计参数与相应时段洪量的统计参数间也应有一定变化规律。

一般情况下，洪水径流深应小于相应时段的暴雨量，这是因水量损失造成的。另外，洪量的 C_v 值应大于相应暴雨的 C_v 值，这是由于洪量除受暴雨的影响外，还受流域下垫面的影响。

四、不同计算方法的设计成果相互比较和论证

对于短缺资料的小流域，应尽可能采用几种方法计算设计洪水，相互比较和验证。另外，同一工程不同设计阶段，如可行性研究阶段、初步设计阶段等的设计洪水成果要进行对比分析，如发现有较大的差异，应查明原因，确定最后合理的设计成果，并对其作出必要的说明。

五、安全修正值的问题

在设计洪水计算中虽然可以用不同方法来提高系列的代表性，但所掌握的暴雨或洪水系列毕竟是一个样本。由样本的统计参数去估计总体的统计参数，进而求得设计值，必然存在抽样误差。

对某一具体的样本而言，抽样误差是正是负，是大是小，只能通过对原始资料的精度分析、对样本的代表性分析以及统计参数的合理性分析等方法作出定性的估计，使采用设计成果时做到心中有数。

对于重要的中小型工程，如果经过综合分析发现设计值确有可能偏小时，为了安全起见，可在校核洪水设计值上加一安全保证值。

安全保证值的大小，可根据综合分析成果偏小的可能幅度来计算，但规范规定，安全保证值一般不超过设计值的 20%。加安全保证值只是一个规定性的技术措施，并没有多少理论依据，因此目前还有不同的看法和意见。

思考题与练习题

1. 为什么要计算设计洪水？如何根据不同的资料条件推求小流域设计洪水？

2. 为什么暴雨资料的选样采用固定时段年最大值法独立选样？

3. 为什么要调查历史特大暴雨？考虑历史特大暴雨对设计值有何影响？

4. 含有特大暴雨的频率计算要注意哪些问题？

5. 由暴雨资料推求设计洪水的前提假定是什么，是在哪一步引入频率的概念的？

6. 由暴雨资料推求设计洪水和由某场实际暴雨资料推求相应的实际洪水有何不同？

7. 为什么要划分设计净雨？地面净雨深和地面径流深在数值上相同，但含义上有什么不同？

8. 流域综合瞬时单位线的涵义是什么？如何综合和使用瞬时单位线？

9. 推理公式法的假定及公式的基本形式是什么？公式中有几类基本参数？各参数的物理意义如何？

10. 同一流域综合瞬时单位线法中的汇流参数（m）与推理公式法中的汇流参数（m）是否相同？

11. 从哪几个方面来保证设计洪水计算成果的精度？

12. 某流域面积为 $F=341\text{km}^2$，根据所给资料，推求 $p=2\%$ 的设计洪水过程线。

资料：(1) 暴雨参数。暴雨设计历时为24h，流域中心最大24h点雨量统计参数 $\overline{x}_{24}=110\text{mm}$，$C_v=0.58$，$C_s/C_v=3.5$，暴雨点面折减系数为 $\alpha=0.92$。暴雨时程分配百分比见题表5-1。

题表5-1　设计暴雨时程分配百分比

时段（$\Delta t=6$h）	1	2	3	4	合计
分配百分比（%）	11	63	17	9	100

(2) 产流参数。采用初损后损法扣损，$I_m=100\text{mm}$，用同频率法求得设计 $P_{ap}=78\text{mm}$，流域的稳定下渗率 $f_c=1.5\text{mm/h}$。

(3) 汇流参数。设计地面洪水过程由综合瞬时单位线法推求，流域综合瞬时单位线参数 $n=3.5$，$k=4.0$h。设计地下洪水过程采用简化三角形法计算，假定地下径流的峰值出现在地面径流的终止时刻，地下径流的历时是地面径流历时的2倍。基流取常数 $5.00\text{m}^3/\text{s}$。（参考答案：设计洪水过程线各时段末流量为：$5.00\text{m}^3/\text{s}$，$303\text{m}^3/\text{s}$，$964\text{m}^3/\text{s}$，$981\text{m}^3/\text{s}$，$660\text{m}^3/\text{s}$，$344\text{m}^3/\text{s}$，$159\text{m}^3/\text{s}$，$75.7\text{m}^3/\text{s}$，$44.9\text{m}^3/\text{s}$，$35.9\text{m}^3/\text{s}$，…）

13. 已知某小流域有下述资料，试用推理公式法计算 $p=1\%$ 的设计洪水过程。

(1) 流域特征参数。流域面积 $F=194\text{km}^2$，主河长 $L=32.1\text{km}$，河流比降 $J=9.32‰$。

(2) 流域暴雨参数。由水文手册查得该流域中心处年最大24h暴雨的统计参数为：$\overline{x}_{24}=85.0\text{mm}$，$C_v=0.45$，$C_s/C_v=3.5$，$n_{6,24}=0.75$。

(3) 流域产汇流参数。由当地水文手册查得 $m=0.092\left[L/(J^{\frac{1}{3}}F^{\frac{1}{4}})\right]^{0.636}$，$\mu=3.0\text{mm/h}$。设计洪水过程线为三角形过程线，且 $r=T_2/T_1=2$。

（参考答案：$Q_{m,p}=952\text{m}^3/\text{s}$，$W_p=2813$ 万 m^3，$T_1=5.47\text{h}$，$T_2=10.94\text{h}$）

14. 已知某流域有 17 年实测洪水资料，如题表 5－2 所示。另调查到 1936 年曾发生过一次大洪水，据洪痕推算洪峰流量为 $100\text{m}^3/\text{s}$。取 $C_s/C_v=2.5$。试估算该流域 200 年一遇的设计洪峰流量。

（参考答案：$140\text{m}^3/\text{s}$）。

题表 5－2　　某流域洪峰流量表　　单位：m^3/s

年份	(1936)	1984	1985	1986	1987	1988	1989	1990	1991
洪峰流量	(100)	39.0	28.4	44.7	52.6	33.9	51.8	38.9	34.9
年份	1992	1993	1994	1995	1996	1997	1998	1999	2000
洪峰流量	67.0	77.0	25.2	51.4	53.2	69.4	86.7	45.1	68.3

第六章 径流调节计算

第一节 概 述

一、径流调节及其分类

（一）径流调节的意义

天然情况下的河川径流，有年内和年际的变化且地区分布也不均衡，无法满足水资源开发利用的要求。需要通过水利工程的控制和调节来重新分配河川径流的时、空分布，以解决来水和用水在时间、数量及地区上不相适应的矛盾。这种利用专门的水工建筑物来重新分配河川径流，以适应需水过程的措施称为径流调节。广义上的径流调节是指在整个流域上，人类对地表及地下径流自然过程的一切有意识的干涉。包括水利工程的蓄水、拦水、引水措施、各种农林措施和水土保持工程等。

拦河筑坝蓄存天然径流，便形成水库。修建水库是进行径流调节的主要措施。本章主要阐述以水库为中心的狭义的径流调节。

（二）径流调节的分类

1. 按服务目标分

按服务目标，径流调节可分为灌溉、发电、给水、航运及防洪排涝调节等。

2. 按调节对象分

按调节对象，径流调节可分为洪水调节和枯水调节。前者重点在于削减洪峰和减少下泄流量，后者是为了增加枯水期的供水量，以满足各用水部门的要求，又称兴利调节。

水库的蓄泄随来水与用水的变化而变化，水库由库空到蓄满，再到放空，循环一次所经历的时间称为调节周期。按调节周期的长短，水库兴利调节可分为日调节、周调节、年调节和多年调节。

(1) 日调节。即利用水库库容将一天内的均匀来水，按用水部门的日内需水过程进行的调节。

(2) 周调节。即将一周内变化不大的入库径流，按用水部门的周内需水过程进行的径流调节。

(3) 年调节。是按照用水部门的年内需水过程，将一年中丰水期多余水量蓄存起来，用以提高缺水时期的供水量，调节周期在一年以内。如图 6-1 (a) 所示。这里的调节年度是用水利年表示的。年调节水库按其径流调节程度，又可分为完全年调节和不完全年调节。对能将年内全部来水按用水要求重新分配而不发生弃水的径流调节，称为完全年调节。如果年来水量大于年用水量，因库容限制，而发生弃水的径流调节称为不完全年调节（或季调节）。显然，完全与不完全年调节的概念是相对的，例如对同一水库而言，可能在一般年份能进行完全年调节，但遇丰水年则很可能发生弃水，只能进行不完全年调节。

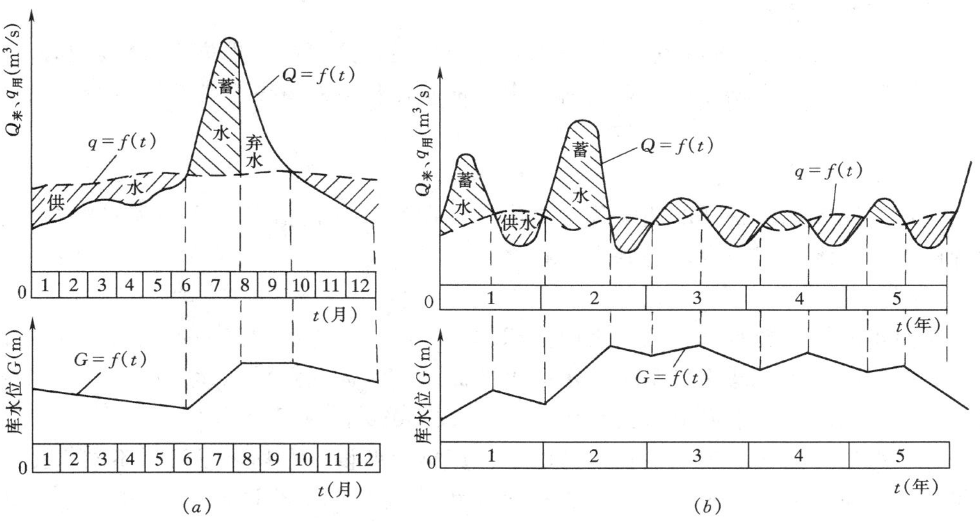

图 6-1 水库兴利调节类型示意图

(a) 年调节；(b) 多年调节

通常用库容系数 β，即水库的调蓄容积 V 与多年平均年径流量 W_0 之比，来反映水库兴利调节能力，当 $\beta=8\%\sim30\%$时，一般可进行年调节。当天然径流年内分配较均匀时，即使 $\beta=2\%\sim8\%$，也可进行年调节。年调节水库一般可同时进行周调节和日调节。

(4) 多年调节。是利用水库将丰水年多余水量蓄存起来，用以提高枯水年份的供水量。这时，水库的调蓄库容可能要经过若干丰水年才能蓄满，然后将蓄水量在若干个枯水年份里用掉，其调节周期要超过一年，见图 6-1 (b)。

根据经验，若年水量变差系数 C_v 值较小，年内水量分配较均匀，$\beta>30\%$便可进行多年调节，否则，需要有更大库容才能进行多年调节。多年调节水库一般可同时进行年调节、周调节和日调节。

二、水库径流调节计算的内容及其计算方法

水库蓄水量变化过程的计算称为径流调节计算，可分为兴利调节计算、防洪调节计算及水能计算三个方面。这三个方面的内容及计算方法综述如下。

兴利调节计算主要包括年调节水库和多年调节水库的径流调节计算。根据不同的已知条件，通过调节计算推求水库的正常蓄水位、兴利库容或调节流量等兴利指标。计算方法可分为两大类：时历法和数理统计法。

防洪调节计算主要包括无闸门控制的水库洪水调节计算和有闸门控制的水库洪水调节计算。通过调节计算确定水库的调洪库容、最高洪水位、最大泄流量、坝高和泄洪建筑物尺寸。计算方法可分为：列表试算法、半图解法等。

水能调节计算主要包括无调节水电站和年调节水电站的水能计算。通过调节计算求出水电站的保证出力和多年平均发电量等重要动能指标。计算方法有：长系列操作法和代表年法。

三、水库特性资料

水库特性资料，主要包括水库的面积和容积特性、蒸发渗漏损失以及淤积和淹没等资料。这些资料通常是根据库区地形资料、水文地质资料以及淹没等社会调查资料来分析确定的。

（一）水库的特性曲线

反映水库库区地形特征的曲线称为水库特性曲线，它包括水库面积和水库容积曲线。水库特性曲线是水库规划设计的基本资料之一。

1. 水库面积曲线

水库面积曲线，即水库水位与水面面积的关系曲线。库区内某一水位高程的等高线和坝轴线所包围的面积，即为该水位的水库水面面积。水面面积随水库水位的变化而变化的情况，取决于水库河谷平面形状。在1/5000～1/50000比例尺地形图上，采用求积仪法、方格法、网点法、图解法或光电扫描与电子计算机辅助设备，均可量算出不同水位的水库水面面积，从而绘成如图6－2所示的水库面积特性曲线。绘图时，高程间距可取1m、2m、5m。该曲线是研究水库淹没范围和计算水库蒸发损失的主要依据。

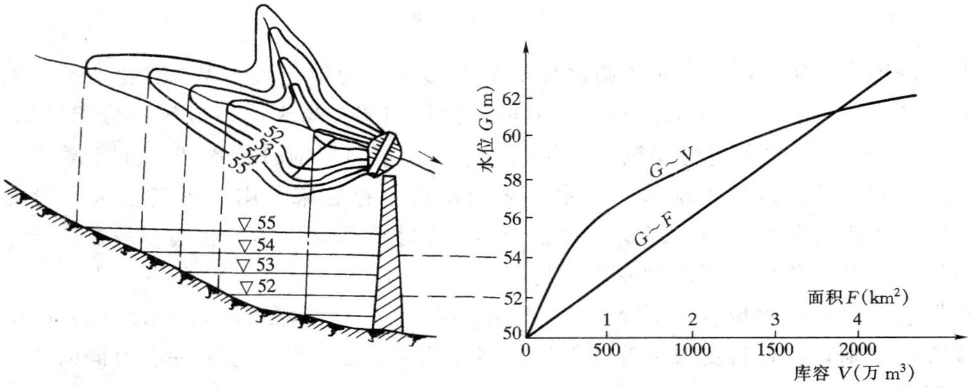

图6－2　水库特性曲线绘制方法示意图（高程单位：m）

显然，平原水库具有较平缓的水库面积特性曲线，表明增加坝高将迅速扩大淹没面积和加大水面蒸发量，故平原地区一般不宜建高坝。

2. 水库容积曲线

水库容积曲线，即水库水位与库容的关系曲线。它可直接由水库面积特性推算绘制。两相邻等高线间的水层容积 ΔV，可按简化式（6－1）或较精确式（6－2）计算

$$\Delta V=\frac{\Delta G}{2}(F_{下}+F_{上}) \tag{6-1}$$

$$\Delta V=\frac{\Delta G}{3}(F_{下}+\sqrt{F_{下}F_{上}}+F_{上}) \tag{6-2}$$

式中　$F_{上}$、$F_{下}$——相邻两等高线各自包围的水库水面面积，m^2；

ΔG——两等高线之间的高程差，m。

从库底逐层向上累加，便可求得每一水位 G 的水库容积 $V=\sum\Delta V$，从而绘成水库容积特性曲线。

应该指出，上述水库水面是近似平面进行计算的。实际上仅当库中流速为零时，库水面才呈水平，故称上述计算所得库容为静库容。库中水面由坝址起沿程上溯形成回水曲线，越靠上游水面越上翘，直至进库端与天然水面相交为止。因此，每一坝前水位所对应的实际库容比静库容大（见图6-3）。特别是山谷水库出现较大洪水时，由于回水而附加的容积更大。一般情况下，按静库容进行径流调节计算，精度已能满足要求。当需详细研究水库淹没、浸没等问题和梯级水库衔接情况时，应考虑回水影响。对于多沙河流，应按相应设计水平年和最终稳定情况下的淤积量和淤积形态，修正库容特性曲线。

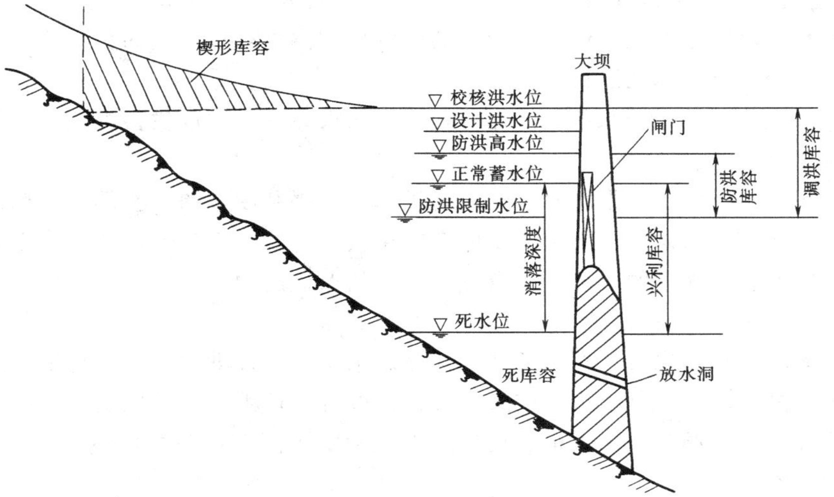

图6-3　水库特征水位与特征库容示意图

（二）水库的特征水位与特征库容

水库工程为完成不同任务在不同时期和各种水文条件下，需控制达到或允许消落的各种库水位，统称特征水位。相应于水库特征水位以下或两特征水位之间的水库容积，称特征库容。

1. 死水位和死库容

在正常运用的情况下，允许水库消落的最低水位称死水位。死水位以下的水库容积称死库容或垫底库容。死库容一般用于容纳水库泥沙、抬高坝前水位和库内水深。在正常运用中，死库容不参与径流调节，也不放空，只有在特殊情况下，如排洪、检修和战略需要等，才考虑泄放其中的蓄水。

2. 正常蓄水位和兴利库容

水库在正常运用情况下，为满足设计兴利要求而在开始供水时应蓄到的水位，称正常蓄水位。它决定水库的规模、效益和调节方式，在很大程度上决定水工建筑物的尺寸、型式和水库淹没损失。当采用无闸门控制的泄洪建筑物时，它与泄洪堰顶高程平齐；当采用闸门控制的泄洪建筑物时，它是闸门关闭时允许长期维持的最高蓄水位。正常蓄水位与死水位间的库容，称设计兴利库容或调节库容，供灌溉、发电、给水、生态用水等部门调节径流之用。正常蓄水位与死水位的高程差，称水库消落深度或工作深度。

3. 防洪限制水位

水库在汛期允许兴利蓄水的上限水位，称防洪限制水位。它是水库汛期防洪运用时的起调水位。该水位以上的库容用来调节洪水，只有汛期正在发生的洪水时，为了蓄滞洪水，库水位才允许超过防洪限制水位。但在汛期当中，一旦洪水开始消退，水库应尽快泄洪，使库水位降回到防洪限制水位，以便对付下一次洪水的来临。

4. 防洪高水位和防洪库容

当遇下游防护对象的设计标准洪水时，水库为控制下泄流量而拦蓄洪水，这时在坝前（上游侧）达到的最高水位称防洪高水位。只有当水库承担下游防洪任务时，才需确定这一水位。此水位可采用相应下游防洪标准的各种典型洪水，按拟定的防洪调度方式，自防洪限制水位开始进行水库调洪计算求得。

防洪高水位与防洪限制水位间的库容，称为防洪库容，用以拦蓄洪水，满足下游防护对象的防洪要求。

当防洪限制水位低于正常蓄水位时，防洪库容与兴利库容的重叠部分，称结合库容或共用库容。此库容在汛期腾空作为防洪库容或调洪库容的一部分，汛末充蓄作为兴利库容的一部分，以增加供水期的保证供水量或水电站的保证出力。

5. 设计洪水位和拦洪库容

水库遇大坝设计洪水时，在坝前达到的最高水位称设计洪水位。它是正常运用情况下允许达到的最高库水位，可采用相应大坝设计标准的设计洪水，按拟定的调洪方式，自防洪限制水位开始进行调洪计算求得。设计洪水位和防洪限制水位之间的库容称拦洪库容，也叫设计调洪库容。

6. 校核洪水位和调洪库容

水库遇大坝校核洪水时，在坝前达到的最高水位称校核洪水位。它是水库非常运用情况下允许达到的临时性最高洪水位，是确定坝顶高程及进行大坝安全校核的主要依据。可采用相应大坝校核标准的校核洪水，按拟定的调洪方式，自防洪限制水位开始进行调洪计算求得。校核洪水位与防洪限制水位之间的库容称为校核调洪库容，简称调洪库容。

7. 总库容

校核洪水位以下的全部库容称总库容。水库的各种特征水位和特征库容如图 6－3 所示。

第二节　水库兴利调节计算

一、水库兴利调节计算的任务与原理

（一）水库的来水、用水及损失资料

水库的来水、用水及各种损失资料是进行水库兴利调节计算的基本资料。

1. 来水资料

水库的来水资料是指河川径流资料，它是兴利调节的基本依据。由于水文现象具有随机性的特点，水库运行期间的水文情势和来水特性只能由以往的径流资料来预估。因此，需通过第四章所述的设计年径流的计算，求得水库在未来运行期间的来水过程。根据要求

不同，可以是长期年、月径流系列或设计代表年的径流过程。

2. 用水资料

水库蓄水后，通过供水以满足各兴利部门的用水需要。用水量是水库兴利调节计算的基本依据之一，它直接影响到工程规模的大小和经济效益。国民经济用水总体上可以划分为：农业用水、工业用水、居民生活用水和生态环境用水等。

（1）农业用水量。主要是指当灌区天然降水过程不能满足作物生长时，需要由水库提供的灌溉用水量。某时段内全灌区毛灌溉用水量 $M_{毛}$ 为

$$M_{毛}=\frac{\sum_{i=1}^{n}\alpha_i m_i}{\eta}F \tag{6-3}$$

式中 m_i——时段内 i 种作物的灌水定额，m^3/亩；

α_i——时段内 i 种作物的灌溉面积与全灌区灌溉面积的比值，$\sum\alpha_i$ 称为复种指数；

η——渠系水利用系数，用来衡量输水损失的指标，一般为 0.55～0.8。

由于作物生长有不同生育阶段，需水量与气象条件有关，灌溉用水量取决于灌区有效降水量的多少。因此灌溉用水量具有如下特点：灌溉用水量与水库来水量之间常有一定的相关关系，且相关系数为负值；灌溉用水量在年内有明显的季节性变化；年灌溉用水量在多年期间也是变化的；年灌溉用水量的年际变化程度在不同地区是有差别的。

（2）发电用水量。灌溉为主结合发电的中小型水电站，电站的运行要服从灌溉用水的需要。在灌溉季节应以灌溉水量发电，只有在水库蓄满后，天然来水量大于灌溉用水量时，才使发电流量等于天然流量。在非灌溉季节则以弃水或预泄水量发电。

（3）生态环境用水量。生态环境用水是指维持正常或自然的生态环境而必需的水量。主要包括保持水体自净能力的用水、动植物生存用水、湿地用水、必要的河道流量和入海流量等。随着人口的增长和经济的快速发展，水资源日趋紧张，生态环境由于缺水遭到破坏的现象日益突出，如由于河道断流、地下水位下降和过度引水而造成的海水倒灌、湿地面积减少、森林面积减少、土地沙漠化、盐碱化等，这些生态环境问题已经严重制约了社会经济的可持续发展。所以，水库在供水时，必须保证一定的生态环境用水量。

（4）其他用水量。工业、民用、航运、渔业等用水量的确定，应通过调查和了解各部门的用水特点、对供水的要求、各部门在当地国民经济中的作用和地位等，结合考虑水库的供水能力及国家对用水的有关标准，进行综合平衡后确定。

各用水部门需要水库提供的用水过程分别确定以后，并不是简单地将它们同步叠加起来确定水库应提供的综合用水过程。工程规划时，应考虑一水多用的可能性，保证在当地水资源承载能力的范围内开发利用水资源。例如：水力发电的尾水，通常可以用于下游地区的灌溉或给水；灌溉引水的河道或渠道可作通航等。因此，各部门的用水可能有部分重复，确定综合用水过程时，应扣除可共用的部分。

3. 水库的水量损失

水库建成蓄水后，改变了河流的自然状态，水位抬高、水压增加、水面扩大，从而引起额外的水量损失，主要包括蒸发损失和渗漏损失，在冰冻地区可能还有结冰损失，统称为水库的水量损失。在水库的规划和运用中，应尽量考虑水量损失，以提高计算的精度，

保证水库正常供水。

(1) 水库的蒸发损失。修建水库前，除原河道有小部分水面蒸发外，整个库区都是陆面蒸发，而这部分陆面蒸发已反映在水利计算所使用的来水资料，即河川径流资料中。建库后，库区陆面变为水面，因水面蒸发大于陆面蒸发而额外增加了蒸发量。这部分额外增加的蒸发量，就是水库的蒸发损失，以 $W_{蒸}$ 表示，单位为万 m^3，其计算公式如下：

$$W_{蒸}=0.1E_{损}F_{库} \tag{6-4}$$

式中，$E_{损}$ 为水库的蒸发损失深度，$E_{损}=E_{水}-E_{陆}$。$E_{水}$ 为水面蒸发深度，$E_{水}=KE_{皿}$，$E_{皿}$ 为水文站或气象站蒸发器皿某一时段的实测水面蒸发值，mm；K 为蒸发器折算系数，与水面蒸发器类型及气候条件有关，可由当地的《水文手册》(图集) 查得；$E_{陆}$ 为陆面蒸发深度，年陆面蒸发深度 $E_{陆}=\overline{x}-\overline{y}$，$\overline{x}$ 为流域多年平均年降雨量，mm，$\overline{y}$ 为流域多年平均年径流量，mm，再按当地蒸发量多年平均年内分配的比例确定计算时段的 $E_{陆}$；$F_{库}$ 为水库水面面积与原河道水面面积之差 (因后者相对不大，可忽略不计)，km^2。

(2) 水库的渗漏损失。水库建成蓄水后，由于水位抬高，水压力增大，库中蓄水会通过库底、库岸、坝身和坝端产生渗漏。渗漏损失量的大小与库区和坝址的水文地质条件以及施工质量有关。由于影响因素比较复杂，目前尚难以精确计算。在生产实践中，常根据库区、坝址的地质和水文地质条件，参考已建水库的渗漏资料，选用经验指标进行估算。表 6-1 可供估算时参考。

表 6-1　　估算水库渗漏损失经验指标表

水文地质条件	月渗漏量相当于月水库蓄水量的百分数 (%)	年渗漏量相当于年水库蓄水量的百分数 (%)	水库年平均水位相应的水面面积年消落深度 (m)
优　良	0～1.0	0～10	0～0.5
中　等	1.0～1.5	10～20	0.5～1.0
较　差	1.5～3.0	20～40	1.0～2.0

水库渗漏损失并非固定不变，水库蓄水后的最初几年渗漏损失较大，当水库运行几年后，因库床淤积，库床空隙逐渐被淤塞，且库岸地下水位升高，因而渗漏损失会逐渐递减且趋于稳定。

(二) 水库兴利调节计算的任务

根据国民经济各有关部门的用水要求，利用水库重新分配天然径流所进行的计算，称水库兴利调节计算。在一定来水的情况下，水库兴利调节计算的任务有以下三种类型。

第一类：根据用水要求，确定设计兴利库容及正常蓄水位；

第二类：根据设计兴利库容，确定设计保证率条件下的调节流量；

第三类：根据设计兴利库容和水库操作方案，确定水库的运用过程。

本章着重介绍第一类情况。

(三) 水库兴利调节计算的原理

水库兴利调节计算的基本依据是水量平衡的原理。即在调节周期内逐时段计算进、出水库的水量和水库内蓄水量的变化。可用如下水量平衡方程式表示：

$$\Delta V=(Q-q)\Delta t \tag{6-5}$$

式中　ΔV——计算时段 Δt 内水库蓄水量的变化量，蓄为正，供为负，m^3；

Q——计算时段 Δt 内平均入库流量，m^3/s；

q——计算时段 Δt 内从水库内取用及消耗的平均流量，包括各兴利部门的用水流量、蒸发及渗漏损失流量以及水库蓄满后的弃水量等，m^3/s。

计算时段 Δt 的长短，应根据调节周期的长短和来用水的变化情况而定。日调节水库一般以小时为单位；对于年或多年调节水库，一般以月或旬为单位。

二、水库兴利库容分析

（一）年调节水库兴利库容分析

水库的蓄泄过程称为水库的运用。在整个水利年内，按照来水和用水过程的配合情况，分为一回运用、二回运用和多回运用。

1. 一回运用

水库在一个水利年内充蓄一次和泄放一次，称为一回运用。如图 6－4 所示，水库自水利年开始的 t_0 时刻起，来水 Q 大于用水 q，至 t_2 时刻止，共有余水 V_1。自 t_2 时刻起 Q 小于 q，至 t_3 时刻止，缺水总量为 V_2。且 V_1 大于 V_2。于是，水库只要在余水期蓄满 V_2 的水量，就能保证该年的用水要求。所以该年所需的调节库容，即兴利库容 $V_{兴}$ 为 V_2。由于 V_1 大于 V_2，故水库可保证蓄满，且有部分余水量要废弃。

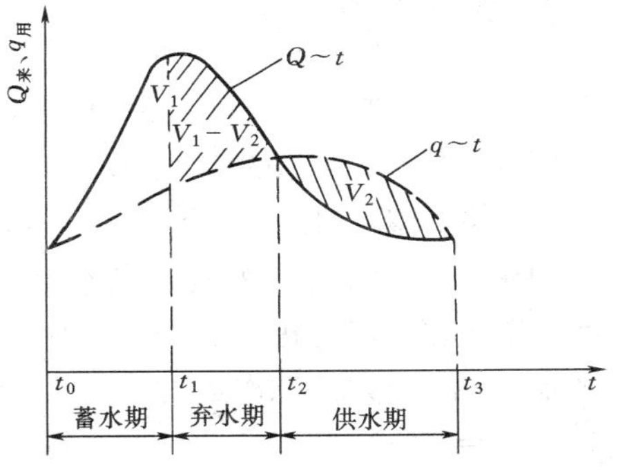

图 6－4　水库一回运用示意图

2. 二回运用

如图 6－5 所示，水库在一个水利年内充蓄两次和泄放两次，则称为二回运用。在总余水量大于总缺水量的条件下，兴利库容的判断可根据余、缺水量的分配情况进行。

（1）如图 6－5（a）所示，$V_1>V_2$，$V_3>V_4$，则 $V_{兴}=\max\{V_2, V_4\}$。图中，V_2 大于 V_4，于是 $V_{兴}=V_2$。即当两个余水量分别大于其后的两个缺水量时，水库的两回运用是相互独立的，此时水库的兴利库容为两个缺水量中的大者。

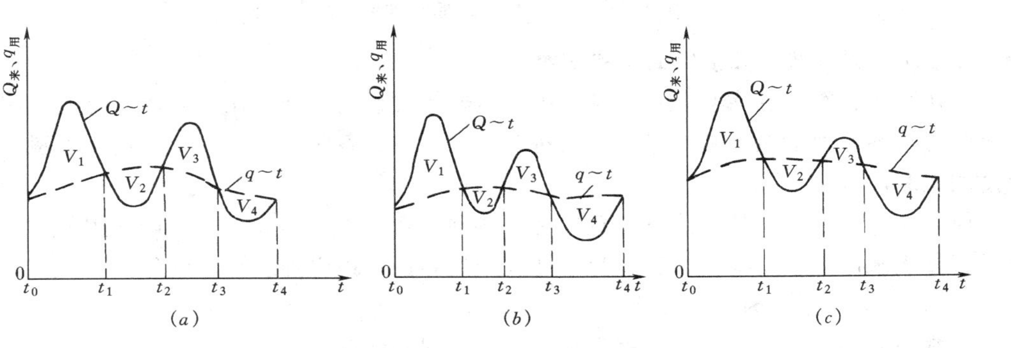

图 6－5　水库两回运用示意图

（2）如图 6－5（b）、（c）所示，$V_1>V_2$，$V_3<V_4$，则 $V_{兴}=\max\{V_2, V_4, V_2+V_4-V_3\}$。图 6－5（$b$）中，$V_2<V_4$，$V_3>V_2$，则 $V_{兴}=V_4$。即水库可在 $t_0\sim t_1$ 时段内蓄

满兴利库容（V_4），在 $t_1 \sim t_2$ 时段内供水 V_2，在 $t_2 \sim t_3$ 时段内，由于 $V_3 > V_2$，故水库又可蓄满兴利库容，并正好满足 $t_3 \sim t_4$ 的缺水量需要。图 6－5（c）中，$V_2 < V_4$，$V_3 < V_2$，则 $V_兴 = V_2 + V_4 - V_3$。即由于 $V_3 < V_2$，所以水库在 $t_0 \sim t_1$ 时段内除应蓄满 V_2 水量外，尚应再多蓄 $V_4 - V_3$ 的水量，才能满足 $t_3 \sim t_4$ 时段内的缺水要求。

3. 多回运用

当水库在一个水利年内，蓄泄次数多于两次时，称为多回运用。此时，兴利库容的判断可采用逆时序累加余、缺水量的方法进行，即由水利年末水库放空时刻（供水期末）起，逆时序见缺水就加，见余水就减，减后小于零取为零，求出各时段末的应蓄水量，其中的最大值，为累计最大缺水量，也就是水库该年度所需的兴利库容。此外还可以从供水期末顺时序加余水，减缺水，加回到计算起点（供水期末）的累计值为弃水量，则该年的兴利库容为时段累计蓄水量的最大值减去弃水量。上述确定兴利库容的方法，同样适用于一回运用或两回运用。

（二）多年调节水库兴利库容分析

图 6－6 为某水库的多年来水和用水过程。第 1、2 年均为丰水年，年来水量大于年用水量，各年所需库容依次为 $V_{兴1} = V_2$，$V_{兴2} = V_4$。第 3～5 年为连续枯水年，各年来水量小于用水量。对第 3 年来说，其缺水要由第 2 年的余水补充。故计算 $V_{兴3}$ 时，应将第 2、3 两年联系在一起考虑，相当于水库二次运用情况，$V_{兴3} = V_6$。第 4 年则应联系前两年一起考虑，相当于水库三次运用情况，同时要保证第 3 年的供水，故 $V_{兴4} = V_{兴3} + (V_8 - V_7)$。同理 $V_{兴5} = V_{兴4} + (V_{10} - V_9)$。

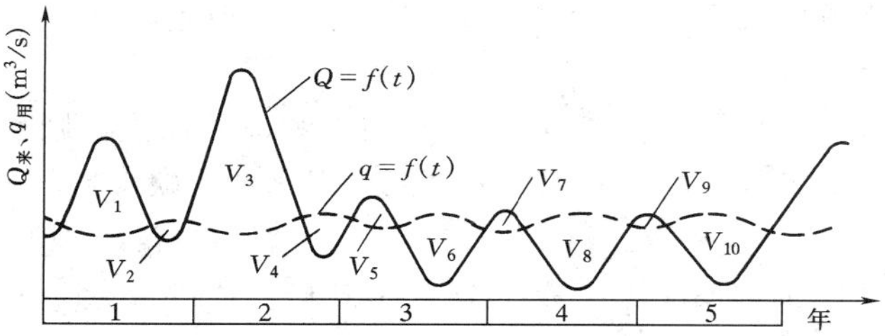

图 6－6　多年调节水库兴利库容分析

三、时历列表法计算水库的兴利库容

时历列表计算兴利库容是对水利年内各时段（月或旬）来、用水和水量损失，用水量平衡计算出各时段的余、缺水量，然后按时段顺序累加各时段的余、缺水量，求得该调节年度的兴利库容。

由于这种方法可以较为严格细致地考虑各种水量损失，因此是一种最常用的方法。根据是否计入水库的水量损失，又分为不计入损失和计入损失列表计算两种情况。

（一）不计入损失的列表计算

现举一实例，来说明不计入水库水量损失的列表计算方法。

【例 6－1】　已知一水库某水利年来水和用水过程如表 6－2 所示，试列表计算该年所需兴利库容和水库的蓄泄过程。

解：本例以月为计算时段，计算过程如下：

（1）计算各月余、缺水量。根据表 6-2 中第②、③栏所列各月来、用水量，计算各月来、用水量差，即 $W_{来}-W_{用}$。差值是正为余水量，差值是负为缺水量，分别填入表 6-2 第④、⑤栏。

（2）确定兴利库容。逆时序累计各月余、缺水量，即 $\sum(W_{来}-W_{用})$，计算起点为供水期末的水库放空时刻，本例为 3 月末，遇缺水就加，遇余水就减，出现负值按零计，各月水量累计值填入第⑥栏。其中 6 月末为最大，$\sum(W_{来}-W_{用})_{max}=5530$ 万 m^3 就是本年度的兴利库容 $V_{兴}$（还可根据第④、⑤的余、缺水量进行判断，本例属于水库二次运用的第一种情况，即 V_3 小于 V_2 和 V_4，故 $V_{兴}=V_2+V_4-V_3=2810+4750-2030=5530$ 万 m^3）。

表 6-2　　　某水库年调节计算表（不计损失）　　　单位：万 m^3

年．月	来水量 $W_{来}$	用水量 $W_{用}$	$W_{来}-W_{用}$		$\sum(W_{来}-W_{用})$	水库蓄水量 V	弃水量 $W_{弃}$	说 明
			余水	缺水（—）				
①	②	③	④	⑤	⑥	⑦	⑧	⑨
					0	0		库空
1969.4	6320	1550	4770		1170	4770		蓄水
5	4400	1550	2850		4020	5530	2090	蓄满弃水
6	2750	1240	1510		5530	5530	1510	
7	1410	2410		1000	4530	4530		供水
8	870	2680		1810	2720	2720		
9	3860	2100	1760		4480	4480		蓄水
10	2100	1830	270		4750	4750		
11	660	1830		1170	3580	3580		供水
12	480	1600		1120	2460	2460		
1970.1	670	1600		930	1530	1530		
2	380	1600		1220	310	310		
3	1290	1600		310	0	0		库空
合计	25190	21590	11160	7560			3600	
校核	25190－21590＝11160－7560＝3600							

（3）推求水库蓄水量变化过程和弃水过程。计算从 4 月初开始，此刻库空，水库蓄水量为零（不包括死库容的水量）。按遇余则蓄，蓄满则弃，遇缺则供的操作方式，顺时序累加各月的余、缺水量，得水库各月的蓄水量，填入第⑦栏，弃水填入第⑧栏。

（4）计算完毕应进行校核。校核的方法是检查全年总水量是否平衡。按水量平衡原理应有 $\sum W_{来}-\sum W_{用}=\sum W_{余}-\sum W_{缺}=\sum W_{弃}$。本例中，经校核总水量平衡，说明计算无误。

（二）计入损失的列表计算

上例计算中，没有考虑水库的水量损失，计算结果比较粗糙，这种处理一般只能用于水库的项目建议书或可行性研究阶段。在水库设计阶段，特别是水量损失比较大的水库，兴利调节计算时必须计入水库的水量损失。

计入水库水量损失的列表计算方法是在不计入损失列表计算的基础上进行的。即先根据不计入损失近似求得水库各时段的蓄水库容，进而求出水库各时段的水量损失，将水库的水量损失作为增加的用水量加到用水量中。然后重新进行调节计算，求得计入损失后水库所需的兴利库容。计入损失的调节计算方法和不计入损失时的计算方法相同，见例 6－2。

【例 6－2】 在上例中，来、用水资料不变，水库各月的蒸发损失见表 6－3 第⑦栏，水库月渗漏损失为月蓄水量的 1%，水库的死库容为 $V_{死}=1200$ 万 m^3，求计入损失后水库的兴利库容 $V'_{兴}$。

表 6－3　　某水库年调节计算表（计入损失）　　单位：万 m^3

月份	来水量 $W_{来}$	不计入损失的情况				水量损失				计入损失的情况					
		用水量 $W_{用}$	蓄水量 V	平均蓄水量 $\overline{V}$	平均水面面积 $F_{库}$ (km^2)	蒸发深度 $E_{损}$ (mm)	蒸发量 $W_{蒸}$	渗漏量 $W_{渗}$	总损失量 $W_{损}$	毛用水量 $W'_{用}$	$W_{来}-W'_{用}$ (10^4m^3) 余水 (＋)	$W_{来}-W'_{用}$ (10^4m^3) 缺水 (－)	$\Sigma(W_{来}-W'_{用})$	蓄水量 V'	弃水量 $W'_{弃}$
①	②	③	④	⑤	⑥	⑦	⑧	⑨	⑩	⑪	⑫	⑬	⑭	⑮	⑯
			1200										1200	1200	
4	6320	1550		3585	4.43	30	13	36	49	1599	4721				
			5970										3090	5921	
5	4400	1550		6350	5.54	41	23	64	87	1637	2763				1414
			6730										5853	7270	
6	2750	1240		6730	5.69	45	26	67	93	1333	1417				1417
			6730										7270	7270	
7	1410	2410		6230	5.49	71	39	62	101	2511		1101			
			5730										6169	6169	
8	870	2680		4825	4.93	69	34	48	82	2762		1892			
			3920										4277	4277	
9	3860	2100		4800	4.92	54	27	48	75	2175	1685				
			5680										5962	5962	
10	2100	1830		5815	5.33	37	20	58	78	1908	192				
			5950										6154	6154	
11	660	1830		5365	5.15	25	13	54	67	1897		1237			
			4780										4917	4917	
12	480	1600		4220	4.69	17	8	42	50	1650		1170			
			3660										3747	3747	
1	670	1600		3195	4.28	15	6	32	38	1638		968			
			2730										2779	2779	
2	380	1600		2120	3.85	15	6	21	27	1627		1247			
			1510										1532	1532	
3	1290	1600		1355	3.54	23	8	14	22	1622		332			
			1200										1200	1200	
合计	25190	21590				442	223	546	769	22359	10778	7947			2831
校核	$\Sigma(2)-\Sigma(11)-\Sigma(16)=25190-22359-2831=0$														

解：（1）不计损失的列表计算。见上例，并将表 6－2 第⑦栏的月末蓄水量加上死库容后移至表 6－3 第④栏。表 6－3 第⑥栏 F 系由第⑤栏 V 查水库库容曲线和面积曲线所得。

（2）计算损失量。由式（6－4）可知，蒸发损失⑧＝0.1×⑥×⑦。渗漏损失⑨＝⑤×1%，总损失量⑩＝⑧＋⑨。

（3）计入损失的列表计算。将损失量加到用水量之中得毛用水量，即⑪＝③＋⑩。根据第②、⑪栏计算余、缺水量，列于第⑫、⑬栏。从供水期末（3 月末），逆时序累加余、缺水量确定计入损失的兴利库容 $V'_{兴}=6070\times10^4m^3$。

计入损失的兴利库容 $V'_{兴}$（6070 万 m^3）比不计入损失的兴利库容 $V_{兴}$（5530 万 m^3）大 540 万 m^3，这部分增加的库容值等于整个供水期 7～3 月的总损失量。

（三）时历列表法计算多年调节水库兴利库容的问题

当年来水量小于年用水量时，说明该年已超出年调节的范围，属于多年调节了。用时历列表法计算多年调节的兴利库容与上述年调节水库的计算方法基本相同，只是水库在多年调节时，那些个别年来水量小于年用水量的年份的缺水量，需由前面较丰年份的余水来补充，其兴利库容不能像年调节那样只以本年度缺水量来确定，而必须与前一年或前几年的余缺水量统一考虑，类似年调节水库多回运用的情况。此时水库的调节周期就不止一年，可能要若干年了。

四、水库设计兴利库容的确定

根据水库某一年的来水与用水过程，可以采用前述的时历列表法，确定当年所需的兴利库容。但由于天然来水量各年不同，年内分配也不一样，因此，即便用水过程完全相同，每年所需的兴利库容也不一样。水库有 n 年来、用水资料，通过调节计算就得到 n 个兴利库容，那么水库的兴利库究竟选哪一个才合适呢？这就是如何推求水库的设计兴利库容的问题。通常可根据资料情况及对精度要求的不同，采用长系列法或代表年法来确定水库的设计兴利库容。

（一）长系列法

当水库坝址处有 n 年设计的年、月径流量及用水量系列时，首先按大多数年份丰水期的起始时间，划定统一的水利年度。而个别年份的连续缺水期可能跨入下一个水利年度内，此时应将它们完整地统计在本年度内，余亏一一对应。然后对每一年进行调节计算，得到 n 个兴利库容。若遇到年来水量小于年用水量的年份，即枯水年，应按多年调节确定水库的兴利库容，这时兴利库容的个数可能要小于 n 个。将这些兴利库容由小到大排列，计算相应的经验频率，并点绘库容频率曲线，如图 6－7 所示。根据用水设计保证率，由图查得设计兴利库容。这种“先调节后排频”的计算方法叫长系列操作法，简称长系列法。

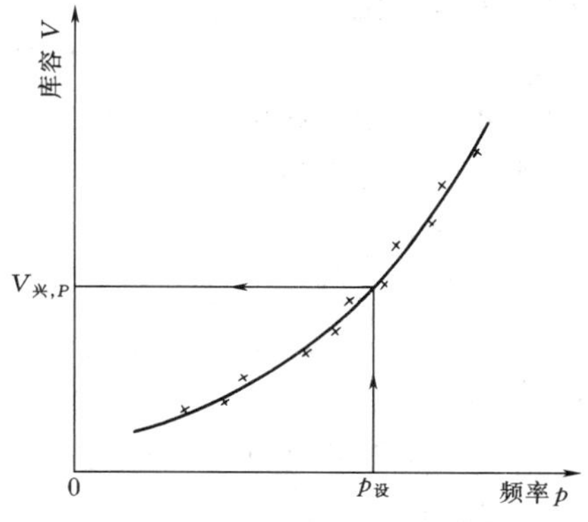

图 6－7　库容频率曲线

长系列法直接对库容进行频率分析，求得的设计兴利库容保证率概念明确，计算精度较高。但需要有足够长的年、月径流及用水系列，若为多年调节水库，因其调节周期长，多年调节循环的次数少，就使计算成果带有很大的偶然性。另外该法的计算量较大。在缺乏长期径流和用水资料时或初步规划阶段，常常采用代表年法。

（二）代表年法

所谓代表年法，是指选择一个合适的年型进行年调节计算，求得的兴利库容即为设计兴利库容。根据代表年的选择原则的不同，可分为实际代表年法和设计代表年法两类。

1. 实际代表年法

实际代表年法是从资料中选择符合或接近用水设计保证率的实际年份作为代表年，以该年实测的来水和用水过程确定水库的设计兴利库容。具体又分为单一选年法、库容排频法和实际干旱年法。

单一选年法是单以来水量（或用水量）频率计算成果为依据。从资料中选择年来水量（或用水量）与相应于设计保证率的年来水量（或用水量）接近，且年内分配偏于不利的实际年份作为代表年。

库容排频率法是简化了的长系列法，它是根据来水量（或用水量）频率曲线，在设计保证率左右的一定范围内，选择3～5个实际年来水（或用水）过程，分别求得各年的兴利库容，然后再把它们由小到大排列。求出符合用水设计保证率的库容作为设计兴利库容。库容排频法在一定程度上避免了单一选年法的成果不稳定性。

实际干旱年法是通过旱情与水情的调查分析，选择实际发生的某一干旱年的来、用水过程作为代表年，直接把该年调节计算求得的兴利库容作为设计兴利库容，这种方法虽然没有保证率的概念，但可能更符合实际情况，人们也较易接受。

实际代表年法为灌溉工程的兴利调节计算所常用。

2. 设计代表年法

设计代表年法就是用频率计算的方法，求得相应于设计保证率的设计年径流量及年内分配，作为水库设计枯水年的来水过程，再根据选定的设计枯水年的用水资料，进行调节计算，求得的兴利库容即为设计兴利库容，即“先排频后调节”的计算方法。

设计代表年法在水电站水库的规划设计中用得较多。除了选设计枯水年（相应于设计保证率 p）外，还选设计平水年（相应于50%频率及多年平均年内分配的年份）和设计丰水年（相应于 $1-p$ 的年份）两种特定的年份作为设计代表年，进行水能调节计算，参见本章第四节。

五、水库正常蓄水位的确定

水库的设计兴利库容确定后，由死库容加上设计兴利库容查水位库容曲线即可得到水库的正常蓄水位。

正常蓄水位是水库规划设计中的一个最重要的参数，它直接关系到一些主要水工建筑物的尺寸、整个工程的投资、效益、淹没损失以及对水资源的利用程度等。因此，水库的正常蓄水位不能仅按上述计算程序简单地确定，需要综合考虑技术、经济、政治、社会及环境等多方面的因素，通过多方案比较来优选。

第三节　水库防洪调节计算

一、水库防洪计算的任务

1. 规划设计阶段

水库防洪计算的主要任务是：根据水文计算提供的设计洪水资料，通过调节计算和工程的效益投资分析，确定水库的调洪库容、最高洪水位、最大泄流量、坝高和泄洪建筑物尺寸。

2. 运行管理阶段

水库防洪计算的主要任务是：求出某种频率洪水（或预报洪水），在不同防洪限制水位时，水库洪水位与最大下泄流量的定量关系。为编制防洪调度规程，制订防洪措施，提供科学依据。

水库防洪计算主要有下述三个步骤：

(1) 拟定比较方案。根据地形、地质、施工条件和洪水特性，拟定若干个泄洪建筑物型式、位置、尺寸以及起调水位方案。

(2) 调洪计算。求得每个方案相应于各种安全标准设计洪水的最大泄流量、调洪库容和最高洪水位。

(3) 方案选择。根据调洪计算成果，计算各方案的大坝造价、上游淹没损失、泄洪建筑物投资、下游堤防造价及下游受淹损失等，通过技术经济分析与比较，选择最优的方案。

本书主要介绍其中的第二步，即水库调洪计算的原理与方法。

二、水库调洪计算的基本原理

水库调洪计算的基本原理是逐时段联立求解水库的水量平衡方程和水库的蓄泄方程。

水库的水量平衡方程表示为：在计算时段 Δt 内，入库水量与出库水量之差，应等于该时段内水库蓄水量的变化，如图 6-8 所示，即

$$\frac{Q_1+Q_2}{2}\Delta t-\frac{q_1+q_2}{2}\Delta t=V_2-V_1=\Delta V \qquad (6-6)$$

式中 Q_1、Q_2——计算时段初、末的入库流量，m^3/s；

q_1、q_2——计算时段初、末的水库的下泄流量，m^3/s；

V_1、V_2——计算时段初、末的水库的蓄水量，m^3；

ΔV——计算时段中水库蓄水量的变化量，即 $\Delta V=V_2-V_1$，m^3；

Δt——计算时段，h。

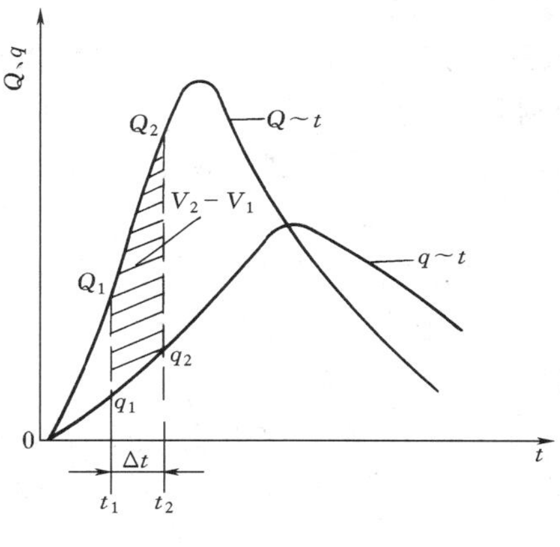

图 6-8 水库水量平衡示意图

当已知水库入库洪水过程线时，Q_1、Q_2 均为已知。计算时段 Δt 的选择，应以能较准确地反映洪水过程线的形状为原则。陡涨陡落的，Δt 取短些；反之，取长些。时段初的水库蓄水量 V_1 和泄流量 q_1 可由前一时段求得，而第一个时段的 V_1、q_1 为已知的起始条件，未知的只有 V_2、q_2。为了求解，需再建立第二个方程，即水库的蓄泄方程。

水库的泄洪建筑主要是指溢洪道和泄洪洞，水库的泄流量就是它们的过水流量。在溢洪道无闸门控制或闸门全开的情况下，溢洪道的泄流量可按堰流公式计算，即：$q_{溢}=M_1BH^{3/2}$，M_1 为流量系数，B 为溢洪道堰顶宽度，H 为溢洪道堰上水头。泄洪洞的泄流量可按有压管流计算，即：$q_{洞}=M_2FH_{洞}^{1/2}$，M_2 为流量系数，F 为泄洪洞洞口的断面面积，$H_{洞}$ 为泄洪洞的计算水头。

可见，当水库的泄洪建筑物型式和尺寸一定的情况下，其泄流量只取决于水头 H。而根据水库的水位容积曲线 $G\sim V$ 可知，泄流水头 H 是水库蓄水量 V 的单值函数，所以泄流量 q 也是水库蓄水量 V 的单值函数，即

$$q=f(V) \qquad (6-7)$$

式（6－7）就是水库的蓄泄方程，由于水库容积曲线$G \sim V$没有具体的函数形式，故很难列出$q=f(V)$的具体函数式。水库的蓄泄方程只能用列表或图示的方式表示出来。

联立求解方程式（6－6）和式（6－7），就可求得时段末的水库蓄水量V_2和泄流量q_2。而逐时段联立求解方程式（6－6）和式（6－7），就可以求得与入库洪水过程相应的水库蓄水过程和泄流过程。

当水库拟定不同的泄洪建筑物尺寸，通过上述计算，就可得到水库泄洪建筑物尺寸与水库洪水位、防洪库容、最大泄流量之间的关系。为最终确定水库防洪库容、最高洪水位、最大泄流量、大坝高度和泄洪建筑物尺寸提供依据。

三、无闸门控制的水库调洪计算

中小型水库为了节省投资、便于管理，溢洪道一般不设闸门。无闸门控制的水库有如下特点：①水库的防洪库容和兴利库容难以结合，因此，水库的防洪起调水位（防洪限制水位）与正常蓄水位相同，均与堰顶高程齐平；②水库下游一般没有重要保护对象，或有保护对象也难以负担下游防洪任务；③库水位超过堰顶高程就开始泄洪，属于自由泄流状态。

（一）列表试算法

为了求解式（6－6）和式（6－7）两式，通过列表试算，逐时段求出水库的蓄水量和下泄流量，这种方法称列表试算法。其主要步骤是：

（1）引用水库的入库洪水过程线。

（2）求水库的蓄泄曲线$q \sim V$。根据库容曲线和拟定的泄洪建筑物类型、尺寸，用水力学公式计算和绘制水库的$q \sim V$曲线。

（3）调洪计算。开始计算时，由起始条件已知时段初的V_1、Q_1、q_1。假设时段末的下泄流量q_2，并代入Q_2，就能根据式（6－6）求出时段末的蓄水量增量ΔV，由$V_1+\Delta V=V_2$求V_2，用V_2查$q \sim V$曲线得q'_2。若q'_2与假设的q_2不等，则说明假设的q_2与实际不符，需重新假设q_2，直至两者相等为止。

（4）将上一时段末的q_2、V_2，作为下一时段的q_1、V_1，重复上述试算，求出下一时段的q_2、V_2。这样，逐时段试算就可求得水库泄流过程和相应的水库蓄水量。

（5）将入库洪水过程线$Q \sim t$和计算的水库泄流过程线$q \sim t$点绘在一张图上，若计算的最大泄流量q_m正好是二线的交点，则计算的q_m是正确的。否则，说明计算的q_m有误差，此时应缩短交点附近的计算时段Δt，重新进行试算，直至计算的q_m正好是二线的交点为止。

（6）由q_m查$q \sim V$线，得出水库蓄水的总库容V_m，从中减去堰顶以下的库容，即可得到调洪库容$V_{调}$。另外，由总库容查库容曲线，可以得到最高洪水位G_m。显然，当入库洪水为设计标准的洪水，求得的q_m、$V_{调}$、G_m即为设计最大泄流量、设计调洪库容和设计洪水位。当入库洪水为校核标准的洪水，求得的q_m、$V_{调}$、G_m即为校核最大泄流量、校核调洪库容和校核洪水位。

列表试算法能明确地表达调洪计算基本原理，因此概念清楚，适用于变时段、无闸门各种情况下调洪计算，但计算量大。

【例 6-3】 某水库泄洪建筑物为无闸门溢洪道，其堰顶高程与正常蓄水位齐平为116m，堰顶净宽 $B=45$m。堰流流量系数 $M_1=1.6$。该水库设有小型水电站，发电引水流量为 $q_{电}=10\text{m}^3/\text{s}$。水库的水位容积曲线列于表 6-4，设计洪水过程 $Q\sim t$ 列于表 6-6 中第①、③栏，用试算法推求水库的泄流过程、设计最大泄流量、设计调洪库容和设计洪水位。

解：(1) 推求水库的蓄泄曲线 $q\sim V$。水库溢洪道泄流量按 $q_{溢}=M_1BH^{3/2}$ 计算，考虑发电引水，其总泄流量为 $q=q_{溢}+q_{电}$，根据不同水位计算 q，并由 $G\sim V$ 曲线查 V，绘出蓄泄曲线 $q\sim V$，见表 6-5、图 6-9。

表 6-4　某水库水位容积关系曲线

库水位 G (m)	75	80	85	90	95	100	105	115	125
库容 V (10^6m^3)	0.5	4.0	10.0	23.0	45.0	77.5	119	234	401

表 6-5　某水库 $q\sim V$ 关系计算表

库水位 G (m)	(1)	116	118	120	122	124	126
堰顶水头 H (m)	(2)	0	2	4	6	8	10
泄流能力 q (m^3/s)	(3)	10	214	586	1068	1638	2280
库容 V (10^6m^3)	(4)	247	276	307	340	378	423

(2) 确定调洪的起始条件。溢洪道属无闸控制，取起调水位与堰顶齐平，且等于正常蓄水位，故该水库的起调水位为116m，与之相应的库容 $V=247\times10^6\text{m}^3$，泄流量 q 为发电流量 $q_{电}=10\text{m}^3/\text{s}$，计算时段 $\Delta t=12\text{h}$。

(3) 推求泄流过程 $q\sim t$。见表 6-6，起始条件为 $V_1=247\times10^6\text{m}^3$、$q_1=10\text{m}^3/\text{s}$ 和已知值 $Q_1=10\text{m}^3/\text{s}$、$Q_2=140\text{m}^3/\text{s}$，求第一个时段末的 V_2、q_2。假设 $q_2=30\text{m}^3/\text{s}$，由式 (6-6) 得

$$V_2=\frac{Q_1+Q_2}{2}\Delta t-\frac{q_1+q_2}{2}\Delta t+V_1=\frac{10+140}{2}\times12\times3600-\frac{10+30}{2}\times12\times3600+247\times10^6=249.38\times10^6\ (\text{m}^3)$$

依此查图 6-9 中的 $q\sim V$ 曲线，得 $q'_2=20\text{m}^3/\text{s}$，与假设不符，故需重新假设 q_2 进行计算。再假设 $q_2=20\text{m}^3/\text{s}$，由式 (6-6) 得 $V_2=249.59\times10^6\text{m}^3$，用 V_2 再查 $q\sim V$ 线，得 $q'_2=20\text{m}^3/\text{s}$，与假设相符，故 $V_2=249.59\times10^6\text{m}^3$、$q_2=20\text{m}^3/\text{s}$ 即为所求，分别填入表 6-6 中该时段末的第⑨、⑥栏。

用上一时段所求的 V_2、q_2 作为本时段的 V_1、q_1，再假设本时段的 q_2，重复前一时段的试算过程，即可求得本时段的 q_2、V_2。以此类推，逐时段演算便得到表 6-6 第⑥栏所示的泄流过程 $q\sim t$。

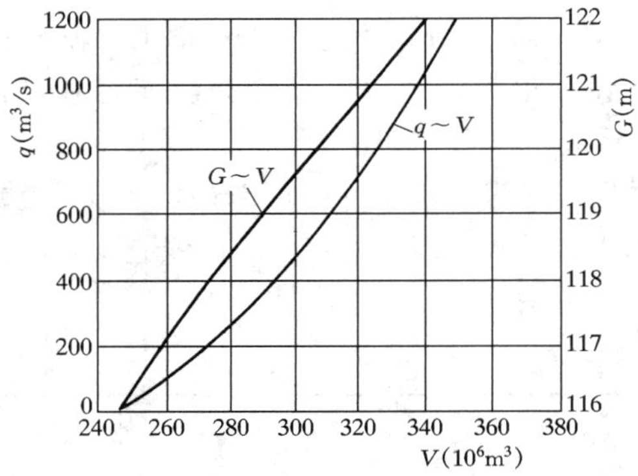

图 6-9　某水库 $G\sim V$ 曲线及 $q\sim V$ 曲线

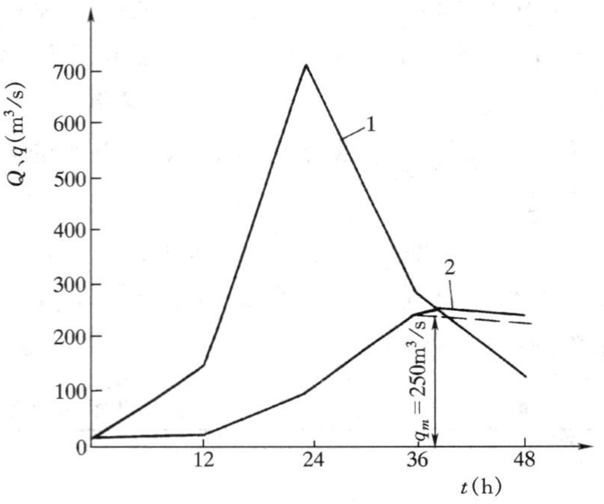

图 6-10　某水库设计洪水过程线及下泄流量过程线

1—设计洪水过程线；2—下泄流量过程线

（4）最大泄流量 q_m 的计算。按表 6-6 的①、③、⑥栏，绘水库的入库洪水过程线 $Q\sim t$ 及下泄流量过程线 $q\sim t$，如图 6-10 所示。可见，以 $\Delta t=12h$ 逐时段试算求 $q_m=240m^3/s$ 不是正好落在 $Q\sim t$ 线上，而是偏在它的下方（退水段为虚线）。这显然是不合理的，正确的 q_m 值应落在 $Q\sim t$ 线的退水段上。造成这种现象的原因是第四时段取 $\Delta t=12h$ 太长了。应减小计算时段重新试算，设 $q_m=q_2=Q_2=250m^3/s$，于是在图 6-10 中查得 $\Delta t=2h$，该时段初的 $V_1=279.18\times10^6m^3$、$q_1=240m^3/s$、$Q_1=279m^3/s$，代入式（6-6）得：$V_2=279.32\times10^6m^3$，依此在图 6-9 的 $q\sim V$ 线查得 $q_2=250m^3/s$，与假设的 $q_m=q_2$ 相等，故 $q_2=250m^3/s$ 即为所求，其出现时间在第 38h。

表 6-6　　某水库调洪计算表（试算法）

时间 t（h）	时段 Δt（h）	Q（m^3/s）	$\frac{Q_1+Q_2}{2}$（m^3/s）	$\frac{Q_1+Q_2}{2}\Delta t$（$10^6m^3$）	q（m^3/s）	$\frac{q_1+q_2}{2}$（m^3/s）	$\frac{q_1+q_2}{2}\Delta t$（$10^6m^3$）	V（10^6m^3）	G（m）
①	②	③	④	⑤	⑥	⑦	⑧	⑨	⑩
0		10			10			247.00	116.0
	12		75	3.24		15.0	0.65		
12		140			20			249.59	116.2
	12		425	18.37		62.5	2.70		
24		710			105			265.26	117.2
	12		494.5	21.37		172.5	7.45		
36		279			240			279.18	118.2
	2		264.5	1.90		245.0	1.76		
38		250			250			279.32	118.2
	10		190.5	6.86		240.0	8.64		
48		131			230			277.54	118.1
	⋮		⋮	⋮		⋮	⋮		
⋮		⋮			…			⋮	⋮

（5）推求设计调洪库容 $V_{调}$ 和设计洪水位 G_m。由 $q_m=250m^3/s$ 从图 6-9 的 $q\sim V$ 线上查得相应的总库容 $V_m=279.32\times10^6m^3$，减去堰顶高程以下的库容 $247\times10^6m^3$，即得

$V_{调}$ =（279.32－247.00）×10^6 =32.32×10^6 m^3；由 V_m =279.32×10^6 m^3，从图 6－9 的 $G \sim V$ 线上查 G_m =118.21m。

（二）单辅助曲线法

列表试算法计算起来相当繁琐，实际工作中用的比较多的是可避免试算的半图解法，这里介绍的 $q \sim \left(\frac{V}{\Delta t}+\frac{q}{2}\right)$ 单辅助线法就是半图解法中广泛应用的一种。

将水量平衡方程式（6－6）分离已知项和未知项后，改写为

$$\left(\frac{V_2}{\Delta t}+\frac{q_2}{2}\right)=\frac{Q_1+Q_2}{2}-q_1+\left(\frac{V_1}{\Delta t}+\frac{q_1}{2}\right) \tag{6-8}$$

将式（6－7）改写为

$$q=f\left(\frac{V}{\Delta t}+\frac{q}{2}\right) \tag{6-9}$$

由于 $\left(\frac{V}{\Delta t}+\frac{q}{2}\right)$ 是 q 的函数，则可绘制 $q=f\left(\frac{V}{\Delta t}+\frac{q}{2}\right)$ 关系曲线，就能求解 q_2、V_2，这种方法称为单辅助曲线法。

将 $q \sim V$ 曲线改绘为 $q \sim \left(\frac{V}{\Delta t}+\frac{q}{2}\right)$ 曲线是很容易的。如表 6－5 所示，选定 Δt 后将 q 对应的 V 除以 Δt，再加上 $\frac{q}{2}$，即得 q 所对应的 $\frac{V}{\Delta t}+\frac{q}{2}$，由此可绘出 $q \sim \left(\frac{V}{\Delta t}+\frac{q}{2}\right)$ 曲线。

调洪开始时，对于第一时段，已知 Q_1、Q_2、V_1、q_1，将它们代入式（6－8）的右端，即得出 $\frac{V_2}{\Delta t}+\frac{q_2}{2}$。依此数值在 $q \sim \left(\frac{V}{\Delta t}+\frac{q}{2}\right)$ 曲线上可查出 q_2。对于第二时段，上时段末的 Q_2、q_2、$\frac{V_2}{\Delta t}+\frac{q_2}{2}$ 就是本时段初的 Q_1、q_1、$\frac{V_1}{\Delta t}+\frac{q_1}{2}$，重复上时段求解的过程，又可求得第二时段的 q_2、$\frac{V_2}{\Delta t}+\frac{q_2}{2}$。这样逐时段连续计算，便可求得水库的泄流过程 $q \sim t$。

【例 6－4】 基本资料同例 6－3，采用单辅助线法进行调洪计算。

解：（1）计算和绘制 $q \sim \left(\frac{V}{\Delta t}+\frac{q}{2}\right)$ 单辅助曲线，如表 6－7、图 6－11 所示。

表 6－7　　某水库 $q \sim \left(\frac{V}{\Delta t}+\frac{q}{2}\right)$ 曲线计算表（Δt=12h）

库水位 G (m)	堰顶水头 H (m)	总库容 $V_{总}$ ($10^6 m^3$)	堰顶以上库容 V ($10^6 m^3$)	$\frac{V}{\Delta t}$ (m^3/s)	q (m^3/s)	$\frac{q}{2}$ (m^3/s)	$\frac{V}{\Delta t}+\frac{q}{2}$ (m^3/s)
①	②	③	④	⑤	⑥	⑦	⑧
116	0	247	0	0	10	5	5
117	1	262	15	348	82	41	389
118	2	276	29	672	214	107	779
119	3	291	44	1020	384	192	1212
120	4	307	60	1390	586	293	1683

（2）推求 $q \sim t$ 及 q_m。调洪起始条件同例 6－3，第一时段，$Q_1=10\text{m}^3/\text{s}$、$Q_2=140\text{m}^3/\text{s}$、$q_1=10\text{m}^3/\text{s}$、$\dfrac{V_1}{\Delta t}+\dfrac{q_1}{2}=5\text{m}^3/\text{s}$，代入式（6－8）得 $\dfrac{V_2}{\Delta t}+\dfrac{q_2}{2}=70\text{m}^3/\text{s}$，以此查图 6－11 得 $q_2=18\text{m}^3/\text{s}$，其它时段的计算方法和上述相同，成果见表 6－8。

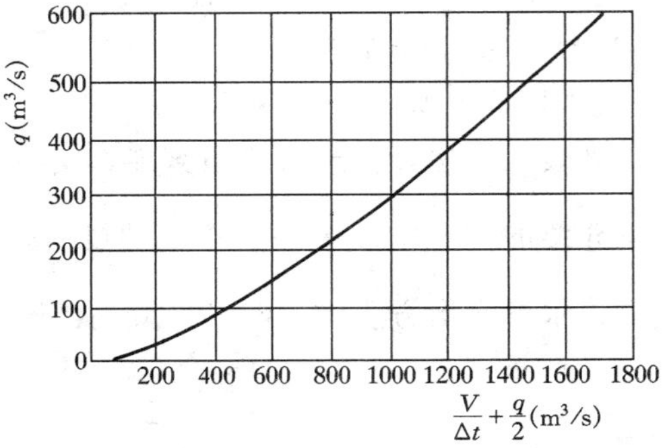

图 6－11　某水库 $q \sim \left(\dfrac{V}{\Delta t}+\dfrac{q}{2}\right)$ 曲线

（3）求 q_m。按表 6－8 绘制的 $Q \sim t$ 线和 $q \sim t$ 线，如图 6－12 所示。将 $q \sim t$ 线的峰值 q_m 按趋势绘于 $Q \sim t$ 线的退水段上，并量得 $q_m=250\text{m}^3/\text{s}$，与试算法的结果相同。这种从图上确定 q_m 的方法比较简便，精度一般也能满足要求。

表 6－8　　　　某水库单辅助曲线法调洪计算（$\Delta t=12\text{h}$）

时间 t (h)	Q (m^3/s)	$\dfrac{Q_1+Q_2}{2}$ (m^3/s)	q (m^3/s)	$\dfrac{V}{\Delta t}+\dfrac{q}{2}$ (m^3/s)
①	②	③	④	⑤
0	10		10	5
		75		
12	140		18	70
		425		
24	710		110	477
		495		
36	279		244	862
		205		
48	130		230	823
		98		
60	65		181	691
		49		
72	32		137	559
		24		
84	15		100	446
		13		
96	10		75	359
		10		
108	10		60	294

四、有闸门控制时水库调洪计算的问题

（一）溢洪道设闸门的目的

（1）溢洪道设置闸门可以控制泄洪流量的大小和时间，使水库防洪调度灵活，控制运用方便，提高水库的防洪效益。所以，当下游要求水库蓄洪、与河道区间洪水错锋或水库群防洪调度时，都需要设置闸门。

（2）设置闸门有利于解决水库防洪与兴利的矛盾，提高水库综合利用效益。对防洪来说，汛期要求水库水位低一些，以有利于防洪；对兴利来说，则要求库水位高一些，以免汛后蓄水量不足，影响兴利用水。有闸门时，可以在主汛期之外分阶段提高防洪限制水位，也可以拦蓄洪水主峰过后的部分洪量。既发挥水库的防洪作用，又能争取多蓄水兴利。

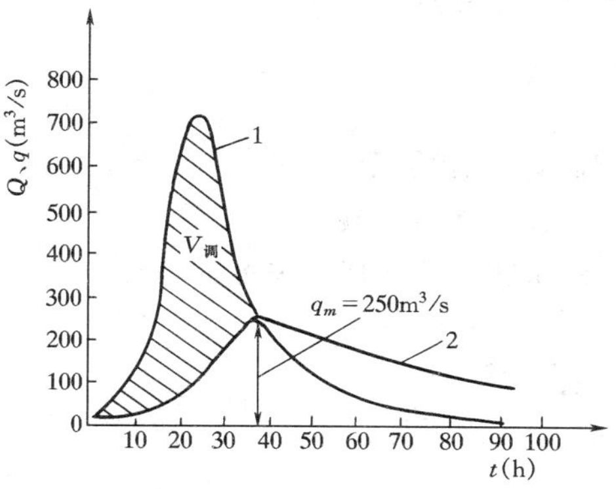

图 6-12　单辅助曲线法推求 q_m 示意图

1—设计洪水过程线；2—下泄流量过程线

(3) 可选择较优的工程布置方案。当溢洪道宽度 B 相同，若调洪库容 $V_{调}$ 相等，设闸门可以降低最大泄流量 q_m；若 q_m 相等，有闸门可以减少 $V_{调}$；若 q_m 和 $V_{调}$ 都相同，有闸门的溢洪道宽度比无闸门的要小得多。因此，根据地形、地质条件、淹没损失及枢纽布置情况，可以优选 B、$V_{调}$ 和 q_m 的组合方案。

（二）汛前限制水位的确定

水库汛前限制水位是指洪水来到之前，水库容许蓄水的水位，在调洪计算中，它是调洪的起始水位，一般叫起调水位。汛前限制水位有如下几种情况。

(1) 汛前限制水位与正常蓄水位重合。当洪水无定期，大洪水任何时候都可能出现时，防洪与兴利完全不结合，防洪库容全部列于兴利库容之上。

(2) 设计洪水位与正常蓄水重合。这种情况发生在洪水变化规律较为明显和稳定，或溢洪道泄流能力很大，或所需防洪库容较小的河流。其防洪库容与兴利库容完全可以结合。

(3) 介于上述两者之间的情况。即正常蓄水位位于汛前限制水位和设计洪水位之间，这是防洪库容与兴利库容部分结合的情况，也是一般综合利用水库常遇到的情况。对于蓄水期只有一次洪水，但主峰位置有明显季节规律的大河流，可以由各典型年设计洪水过程线，按具体日期逆时序反推求得蓄水段的汛前限制水位。并绘出其外包线，即可据此确定汛前限制水位。

（三）有闸门控制时水库调洪计算的特点

水库溢洪道有闸门控制的调洪计算原理与无闸门控制时相同，其调洪计算的特点是：

(1) 溢洪道有闸门控制时，水库调洪计算的起调水位（汛前限制水位），一般低于正常蓄水位，高于堰顶高程。这样在防洪限制水位和正常蓄水位之间的库容，既可兴利，又可以防洪，从而协调了防洪要腾空库容与兴利要蓄水之间的矛盾。而汛前限制水位高于堰顶高程，就可以从洪水开始时得到较高的泄流水头，增大洪水初期的泄洪量，以减轻下游防洪的压力。对于以兴利为主的水库，汛前限制水位的确定应以汛后能蓄满兴利库容为原则。

(2) 只有闸门全开才属自由泄流，相当于无闸门控制，可用列表试算法或单辅助曲线法进行调洪计算；当闸门没有全开时属控制泄流，可直接用水量平衡方程计算。

(3) 水库溢洪道有闸门控制的调洪计算，要结合根据下游有无防洪要求所拟定的调洪方式进行。

五、坝顶高程的确定

由入库设计洪水或校核洪水经调洪计算，得出相应某一溢洪道尺寸的水库坝前设计洪水位 $G_{设}$ 或校核洪水位 $G_{校}$，为了确保水库安全，非溢流坝的坝顶高程 H 必须超过 $G_{设}$ 或

$G_{校}$。坝顶高程 H 可按下式计算，并取其中较大者作为最后选定的方案。

$$H = G_{设} + H_{浪,设} + \Delta h_{设} \quad (6-10)$$

$$H = G_{校} + H_{浪,校} + \Delta h_{校} \quad (6-11)$$

式中 $H_{浪,设}$、$H_{浪,校}$——设计和校核条件下风浪爬高，按有关规范计算；

$\Delta h_{设}$、$\Delta h_{校}$——设计和校核条件下的安全超高，按有关规范选取。

可见，水库的调洪计算是确定坝顶高程和泄洪建筑物尺寸的技术关键。

第四节 水能计算简介

一、水能计算的任务和原理

（一）水能计算的任务

天然河道的径流过程和用电户的用电过程不一定相适应，需要水库来进行水量与水头的调节。所以，从广义上说，水能计算的任务，与前面介绍的兴利调节计算一样，也是要解决水库兴利库容、发电供水量与设计保证率三者之间的关系。通常来水过程是已知的，设计保证率是事先选定的。所以，水能计算的任务就简化为确定电站效益与工程规模之间的关系。前者通常用保证出力和多年平均发电量两个主要动能指标来衡量。后者则以兴利库容与装机容量为指标。水电站水能计算，主要是确定水电站保证出力、多年平均年发电量和装机容量。

（二）水能计算的原理

水能计算的基本公式为

$$N = 9.81\eta Q_{电} H_{净} \quad (6-12)$$

$$E = NT \quad (6-13)$$

式中 N——水电站出力，kW；

$Q_{电}$——发电引水流量，m^3/s；

$H_{净}$——净水头，即上下游水位差减去水头损失，m；

η——水电站效率；它的大小和水轮机、发电机的类型、水电站的布置等有关；

E——发电量，kW·h；

T——持续时间，h。

利用水能发电，不可避免地要损失一部分能量，例如水流阻力和机械摩擦等。所以，水力发电要考虑水电站效率 η，它的大小和水轮机与发电机的类型、水电站的布置等有关。通常采用出力系数 A，$A=9.81\eta$。大中型电站 $A=7.0\sim7.5$，中小型电站 $A=8.0\sim8.5$。

由式（6-12）、式（6-13）可见，水头和流量是水力发电的两个基本要素。为了有效地利用水流能量，一要集中水头，二要调节流量，使它符合水电站的用水需要。山区河流天然落差大，不用筑坝就能得到高水头；而平原河流需在河道上筑坝（或闸）抬高水位，集中落差形成水头，并在上游形成水库，使之具有一定的水头和流量。

按照对天然来水过程调节程度的不同，水电站可分为无调节水电站（又称径流式水电站）、日调节水电站、年调节水电站和多年调节水电站(有调节水电站又称为蓄水式水电站)。

二、无调节水电站的水能计算

(一) 保证出力的计算

无调节水电站指水电站上游没有调节水库或库容过小，不能调节天然径流，其出力取决于河流中当日的天然流量。山区引水式和小容量河床式水电站多为无调节水电站。

无调节水电站保证出力是指相应于水电站设计保证率的日平均出力，用符号 N_p 表示，单位为 kW。

根据长系列日平均流量资料，按式（6－12）逐日计算日平均出力，将日平均出力按由大到小顺序排列，计算其频率，绘制日平均出力频率曲线。据已知的水电站设计保证率，从该频率曲线中查得相应的日平均出力即为无调节水电站的保证出力。

在初步设计阶段，可采用代表年法，即选丰、中、枯三个代表年，以日作为计算时段，按上述相同的方法计算日平均出力，绘出日平均出力频率曲线，并据已知的设计保证率，从该频率曲线中查得设计保证出力。

另外，也可以根据长系列日平均流量资料，由大到小分级或不分级排列，计算大于或等于某一流量的天数占总天数的百分比，依此绘制日平均流量历时曲线。根据水电站的设计保证率在该曲线上查得相应的保证流量。当无水文资料时，可通过调查或水文比拟法估算设计断面的保证流量，将保证流量直接代入式（6－12）即可求得保证出力。

(二) 多年平均年发电量的计算

水电站多年平均年发电量是指水电站在多年工作期间，平均每年所能生产的电能。用 $\overline{E}_{年}$ 表示，单位为 kW·h。多年平均年发电量也是水电站的重要动能指标。

当计算精度要求较高时，应对全部水文资料，取旬或日为计算时段，用式（6－12)、式（6－13）计算各时段平均出力及时段发电量。水能转变为电能，受水轮发电机容量的限制，当计算所得时段出力大于水电站装机容量时，该时段的出力仅能按装机容量计算。将各时段的发电量累加，依次求得各年的年发电量，取其平均值作为多年平均年发电量。

若只对三个代表年（即丰水年、中水年、枯水年）计算，则多年平均年发电量为三个代表年的年发电量的平均值。为简化计算，也可用中水年的年发电量代表多年平均年发电量。

三、年调节水电站的水能计算

年调节水电站是指取水口上游具有年调节水库，能够对一年内天然来水过程重新分配，以满足用电负荷变化的需要。年调节水库发电的同时一般还承担灌溉的任务。以灌溉为主结合发电的水库，发电服从于灌溉，利用水库发电的尾水灌溉。

(一) 保证出力的计算

年调节水库的保证出力是指水电站相应于设计保证率的供水期的平均出力。其比较精确的方法是长系列法，即在水库正常蓄水位和兴利库容事先已拟定的情况下，利用水库历年来水（径流）资料、灌溉用水资料及水电站的发电流量（灌溉期的发电流量至少等于灌溉流量，其它月份发电流量可按灌溉期末库内兴利蓄水量与后期天然来水之和平均分配，即等流量调节)，以月为计算时段，在计算每年各月的平均出力基础上，求出每年供水期的平均出力，然后将各年供水期的平均出力按大小次序排列，绘制供水期平均出力频率曲线，该曲线中相应于设计保证率的供水期平均出力，便是年调节水电站的保证出力。这种方法对资料的要求较高，工作量大、在规划设计阶段，往往采用设计枯水年法。

设计枯水年法就是用第四章所述的方法，求得相应于灌溉设计保证率的设计年径流量及年内分配，作为水库设计枯水年的来水过程，对该年进行调节计算，求出该年供水期的平均出力，作为年调节水电站的保证出力。

灌溉为主结合发电的水库水电站，电站的运行要服从灌溉的需要，没有明显的发电供水期，通常采用与灌溉设计保证率 $p_{灌}$ 相应的丰、平、枯三个代表年做完全年调节计算，用 36 个月的月平均出力绘制出月平均出力频率曲线，然后用水电站的设计保证率 $p_{电}$ 在曲线上查得保证出力。

（二）多年平均年发电量的计算

年调节水电站多年平均年发电量的计算方法和无调节水电站多年平均年发电量的计算方法相同，可采用长系列法、三个代表年法及中水年法。但年调节水电站计算时段取月或旬，而不以日计。月发电量计算公式为

$$E_{月}=730N_{月} \tag{6-14}$$

式中 $E_{月}$——月发电量，kW·h；

$N_{月}$——月平均出力，kW；

730——每月按 30.4 天计的小时数，h。

年发电量计算公式为

$$E_{年}=\sum_{1}^{12}E_{月}=730\sum_{1}^{12}N_{月} \tag{6-15}$$

四、水电站装机容量的确定

装机容量是指水电站厂房内各台机组额定容量（铭牌出力）的总和。用 $N_{装}$ 表示，单位为 kW。在正常情况下，它是水电站满负荷运行时的最大出力值。它的大小决定着水电站的规模。大中型水电站在初步规划阶段或小型水电站缺乏资料时，水电站的装机容量的选择可采用保证出力倍比法来确定。即

$$N_{装}=CN_{p} \tag{6-16}$$

式中 C——倍比系数，可参考表 6-9 选用。

表 6-9　水电站保证出力倍比系数表

水电站的特点	独立运行 500kW 以下的电站	电网中水电比重较大且有调节库容的水电站				电网中水电比重较小			
		单纯发电	发电为主结合灌溉	灌溉为主结合发电		单纯发电	发电为主结合灌溉	灌溉为主结合发电	
				水利设施一般	水利设施良好			水利设施一般	水利设施良好
C	1.5～3.5	2.0～3.5	2.5～4.0	3.0～5.0	2.5～4.0	2.5～4.5	3.0～4.5	3.5～5.5	3.0～4.5

思考题与练习题

1. 举例说明水量平衡原理、频率分析和相关分析方法在本课程中的应用。

2. 径流调节分哪几类？水库兴利调节和防洪调节的任务、原理各是什么？

3. 如何判定水库为年调节，还是多年调节？

4. 如何计算水库的蒸发损失和渗漏损失？

5. 年调节水库和多年调节水库时历列表法计算兴利库容有何区别？

6. 已知 n 年的来、用水过程，如何用时历列表法进行年调节计算，推求符合设计保证率的兴利库容？

7. 水库调洪计算的试算法和单辅助曲线法的基本原理是否一样？各有什么优点？

8. 当采用单辅助曲线法进行调洪计算时，若起调流量或最大下泄量不正好落在计算时段 Δt 的分界点上，应如何处理？

9. 水能计算的主要内容包括哪些？

10. 已知南方某年调节水库的流域面积 62km^2，水库容积曲线见题表 6－1，灌溉要求死水位 53.32m。Φ80 蒸发皿测得水库的年水面蒸发量为 1580mm，蒸发皿折算系数 K 为 0.75，流域多年平均年降雨量为 1260mm，多年平均年径流深为 757mm，蒸发量的多年平均年内分配系数见题表 6－2。库区水文地质条件较好，渗漏损失按水库时段蓄水量的 0.6%估算。相应于灌溉设计保证率的枯水代表年的来水量和用水量见题表 6－2。设计标准 $p=1\%$ 的设计洪水过程见题表 6－3，溢洪道为无闸门控制的实用堰，堰宽 $B=70\text{m}$，实用堰的流量数 $M=1.77$，下游没有防护要求。

求：(1) 确定设计保证率 $p_{灌}=80\%$ 的设计兴利库容和正常蓄水位；

(2) 分别用列表试算法、单辅助曲线法求设计标准为 $p=1\%$ 的下泄流量过程、水库蓄水过程、最大泄流量、设计调洪库容和设计洪水位。

（参考答案：(1) 设计兴利库容 1212 万 m^3，正常高蓄水位 59.98m；(2) 最大下泄流量 $596\text{m}^3/\text{s}$，设计调洪库容 1010 万 m^3，设计洪水位为 62.83m）

题表 6－1　　某水库库容曲线摘录表

水位（m）	50.5	51.0	52.0	53.0	54.0	55.0	56.0	57.0
库容（万 m^3）	0	1.33	20.0	65.3	140.2	246.7	386.4	560.7
水位（m）	58.0	59.0	60.0	61.0	62.0	63.0	64.0	65.0
库容（万 m^3）	770.4	1016.8	1300.0	1620.7	1980.0	2378.3	2817.0	3297.0

题表 6－2　　某水库 $p=80\%$设计代表年来、用水及蒸发损失资料表

项　目 ＼ 月	4	5	6	7	8	9	10	11	12	1	2	3	合计
来水量（万 m^3）	136	197	117	78	79	360	436	203	85	63	62	79	1895
用水量（万 m^3）	181	335	483	502	148								1649
蒸发年内分配系数（%）	8.53	11.8	14.21	13.05	13.30	9.81	7.61	4.69	3.21	3.09	3.82	6.88	100

题表 6-3　　某水库设计洪水过程线资料表

时间 t（h）	0	1	2	3	4	5	6	7	8	9	10
$Q_{1\%}$（m^3/s）	0	390	770	1150	986	820	656	492	326	162	0

附　　表

附表 1　　**皮尔逊Ⅲ型曲线的离均系数 Φ_P 值表**

C_s \ p(%)	0.01	0.1	0.2	0.33	0.5	1	2	5	10	20	50	75	90	95	99	p(%) / C_s
0.0	3.72	3.09	2.88	2.71	2.58	2.33	2.05	1.64	1.28	0.84	0.00	−0.67	−1.28	−1.64	−2.33	0.0
0.1	3.94	3.23	3.00	2.82	2.67	2.40	2.11	1.67	1.29	0.84	−0.02	−0.68	−1.27	−1.62	−2.25	0.1
0.2	4.16	3.38	3.12	2.92	2.76	2.47	2.16	1.70	1.30	0.83	−0.03	−0.69	−1.26	−1.59	−2.18	0.2
0.3	4.38	3.52	3.24	3.03	2.86	2.54	2.21	1.73	1.31	0.82	−0.05	−0.70	−1.24	−1.55	−2.10	0.3
0.4	4.61	3.67	3.36	3.14	2.95	2.62	2.26	1.75	1.32	0.82	−0.07	−0.71	−1.23	−1.52	−2.03	0.4
0.5	4.83	3.81	3.48	3.25	3.04	2.68	2.31	1.77	1.32	0.81	−0.08	−0.71	−1.22	−1.49	1.96	0.5
0.6	5.05	3.96	3.60	3.35	3.13	2.75	2.35	1.80	1.33	0.80	−0.10	−0.72	−1.20	−1.45	−1.88	0.6
0.7	5.28	4.10	3.72	3.45	3.22	2.82	2.40	1.82	1.33	0.79	−0.12	−0.72	−1.18	−1.42	−1.81	0.7
0.8	5.50	4.24	3.85	3.55	3.31	2.89	2.45	1.84	1.34	0.78	−0.13	−0.73	−1.17	−1.38	−1.74	0.8
0.9	5.73	4.39	3.97	3.65	3.40	2.96	2.50	1.86	1.34	0.77	−0.15	−0.73	−1.15	−1.35	−1.66	0.9
1.0	5.96	4.53	4.09	3.76	3.49	3.02	2.54	1.88	1.34	0.76	−0.16	−0.73	−1.13	−1.32	−1.59	1.0
1.1	6.18	4.67	4.20	3.86	3.58	3.09	2.58	1.89	1.34	0.74	−0.18	−0.74	−1.10	−1.28	−1.52	1.1
1.2	6.41	4.81	4.32	3.95	3.66	3.15	2.62	1.91	1.34	0.73	−0.19	−0.74	−1.08	−1.24	−1.45	1.2
1.3	6.64	4.95	4.44	4.05	3.74	3.21	2.67	1.92	1.34	0.72	−0.21	−0.74	−1.06	−1.20	−1.38	1.3
1.4	6.87	5.09	4.56	4.15	3.83	3.27	2.71	1.94	1.33	0.71	−0.22	−0.73	−1.04	−1.17	−1.32	1.4
1.5	7.09	5.23	4.68	4.24	3.91	3.33	2.74	1.95	1.33	0.69	−0.24	−0.73	−1.02	−1.13	−1.26	1.5
1.6	7.31	5.37	4.80	4.34	3.99	3.39	2.78	1.96	1.33	0.68	−0.25	−0.73	−0.99	−1.10	−1.20	1.6
1.7	7.54	5.50	4.91	4.43	4.07	3.44	2.82	1.97	1.32	0.66	−0.27	−0.72	−0.97	−1.06	−1.14	1.7
1.8	7.76	5.64	5.01	4.52	4.15	3.50	2.85	1.98	1.32	0.64	−0.28	−0.72	−0.94	−1.02	−1.09	1.8
1.9	7.98	5.77	5.12	4.61	4.23	3.55	2.88	1.99	1.31	0.63	−0.29	−0.72	−0.92	−0.98	−1.04	1.9
2.0	8.21	5.91	5.22	4.70	4.30	3.61	2.91	2.00	1.30	0.61	−0.31	−0.71	−0.895	−0.949	−0.989	2.0
2.1	8.43	6.04	5.33	4.79	4.37	3.66	2.93	2.00	1.29	0.59	−0.32	−0.71	−0.869	−0.914	−0.945	2.1
2.2	8.65	6.17	5.43	4.88	4.44	3.71	2.96	2.00	1.28	0.57	−0.33	−0.70	−0.844	−0.879	−0.905	2.2
2.3	8.87	6.30	5.53	4.97	4.51	3.76	2.99	2.00	1.27	0.55	−0.34	−0.69	−0.820	−0.849	−0.867	2.3
2.4	9.08	6.42	5.63	5.05	4.58	3.81	3.02	2.01	1.26	0.54	−0.35	−0.68	−0.795	−0.820	−0.831	2.4
2.5	9.30	6.55	5.73	5.13	4.65	3.85	3.04	2.01	1.25	0.52	−0.36	−0.67	−0.772	−0.791	−0.800	2.5
2.6	9.51	6.67	5.82	5.20	4.72	3.89	3.06	2.01	1.23	0.50	−0.37	−0.66	−0.748	−0.764	−0.769	2.6
2.7	9.72	6.79	5.92	5.28	4.78	3.93	3.09	2.01	1.22	0.48	−0.37	−0.65	−0.726	−0.736	−0.740	2.7
2.8	9.93	6.91	6.01	5.36	4.84	3.97	3.11	2.01	1.21	0.46	−0.38	−0.64	−0.702	−0.710	−0.714	2.8
2.9	10.14	7.03	6.10	5.44	4.90	4.01	3.13	2.01	1.20	0.44	−0.39	−0.63	−0.680	−0.687	−0.690	2.9

续表

C_s \ p(%)	0.01	0.1	0.2	0.33	0.5	1	2	5	10	20	50	75	90	95	99	p(%) / C_s
3.0	10.35	7.15	6.20	5.51	4.96	4.05	3.15	2.00	1.18	0.42	−0.39	−0.62	−0.658	−0.665	−0.667	3.0
3.1	10.56	7.26	6.30	5.59	5.02	4.08	3.17	2.00	1.16	0.40	−0.40	−0.60	−0.639	−0.644	−0.645	3.1
3.2	10.77	7.38	6.39	5.66	5.08	4.12	3.19	2.00	1.14	0.38	−0.40	−0.59	−0.621	−0.624	−0.625	3.2
3.3	10.97	7.49	6.48	5.74	5.14	4.15	3.21	1.99	1.12	0.36	−0.40	−0.58	−0.604	−0.606	−0.606	3.3
3.4	11.17	7.60	6.56	5.80	5.20	4.18	3.22	1.98	1.11	0.34	−0.41	−0.57	−0.587	−0.588	−0.588	3.4
3.5	11.37	7.72	6.65	5.86	5.25	4.22	3.23	1.97	1.09	0.32	−0.41	−0.55	−0.570	−0.571	−0.571	3.5
3.6	11.57	7.83	6.73	5.93	5.30	4.25	3.24	1.96	1.08	0.30	−0.41	−0.54	−0.555	−0.556	−0.556	3.6
3.7	11.77	7.94	6.81	5.99	5.35	4.28	3.25	1.95	1.06	0.28	−0.42	−0.53	−0.540	−0.541	−0.541	3.7
3.8	11.97	8.05	6.89	6.05	5.40	4.31	3.26	1.94	1.04	0.26	−0.42	−0.52	−0.526	−0.526	−0.526	3.8
3.9	12.16	8.15	6.97	6.11	5.45	4.34	3.27	1.93	1.02	0.24	−0.41	−0.506	−0.513	−0.513	−0.513	3.9
4.0	12.36	8.25	7.05	6.18	5.50	4.37	3.27	1.92	1.00	0.23	−0.41	−0.495	−0.500	−0.500	−0.500	4.0
4.1	12.55	8.35	7.13	6.24	5.54	4.39	3.28	1.91	0.98	0.21	−0.41	−0.484	−0.488	−0.488	−0.488	4.1
4.2	12.74	8.45	7.21	6.30	5.59	4.41	3.29	1.90	0.96	0.19	−0.41	−0.473	−0.476	−0.476	−0.476	4.2
4.3	12.93	8.55	7.29	6.36	5.63	4.44	3.29	1.88	0.94	0.17	−0.41	−0.462	−0.465	−0.465	−0.465	4.3
4.4	13.12	8.65	7.36	6.41	5.68	4.46	3.30	1.87	0.92	0.16	−0.40	−0.453	−0.455	−0.455	−0.455	4.4
4.5	13.30	8.75	7.43	6.46	5.72	4.48	3.30	1.85	0.90	0.14	−0.40	−0.444	−0.444	−0.444	−0.444	4.5
4.6	13.49	8.85	7.50	6.52	5.76	4.50	3.30	1.84	0.88	0.13	−0.40	−0.435	−0.435	−0.435	−0.435	4.6
4.7	13.67	8.95	7.57	6.57	5.80	4.52	3.30	1.82	0.86	0.11	−0.39	−0.426	−0.426	−0.426	−0.426	4.7
4.8	13.85	9.04	7.64	6.63	5.84	4.54	3.30	1.80	0.84	0.09	−0.39	−0.417	−0.417	−0.417	−0.417	4.8
4.9	14.04	9.13	7.70	6.68	5.88	4.55	3.30	1.78	0.82	0.08	−0.38	−0.408	−0.408	−0.408	−0.408	4.9
5.0	14.22	9.22	7.77	6.73	5.92	4.57	3.30	1.77	0.80	0.06	−0.379	−0.400	−0.400	−0.400	−0.400	5.0
5.1	14.40	9.31	7.84	6.78	5.95	4.58	3.30	1.75	0.78	0.05	−0.374	−0.392	−0.392	−0.392	−0.392	5.1
5.2	14.57	9.40	7.90	6.83	5.99	4.59	3.30	1.73	0.76	0.03	−0.369	−0.385	−0.385	−0.385	−0.385	5.2
5.3	14.75	9.49	7.96	6.87	6.02	4.60	3.30	1.72	0.74	0.02	−0.363	−0.377	−0.377	−0.377	−0.377	5.3
5.4	14.92	9.57	8.02	6.91	6.05	4.62	3.29	1.70	0.72	0.00	−0.358	−0.370	−0.370	−0.370	−0.370	5.4
5.5	15.10	9.66	8.08	6.96	6.08	4.63	3.28	1.68	0.70	−0.01	−0.353	−0.364	−0.364	−0.364	−0.364	5.5
5.6	15.27	9.74	8.14	7.00	6.11	4.64	3.28	1.66	0.67	−0.03	−0.349	−0.357	−0.357	−0.357	−0.357	5.6
5.7	15.45	9.82	8.21	7.04	6.14	4.65	3.27	1.65	0.65	−0.04	−0.344	−0.351	−0.351	−0.351	−0.351	5.7
5.8	15.62	9.91	8.27	7.08	6.17	4.67	3.27	1.63	0.63	−0.05	−0.339	−0.345	−0.345	−0.345	−0.345	5.8
5.9	15.78	9.99	8.32	7.12	6.20	4.68	3.26	1.61	0.61	−0.06	−0.334	−0.339	−0.339	−0.339	−0.339	5.9
6.0	15.94	10.07	8.38	7.15	6.23	4.68	3.25	1.59	0.59	−0.07	−0.329	−0.333	−0.333	−0.333	−0.333	6.0
6.1	16.11	10.15	8.43	7.19	6.26	4.69	3.24	1.57	0.57	−0.08	−0.325	−0.328	−0.328	−0.328	−0.328	6.1
6.2	16.28	10.22	8.49	7.23	6.28	4.70	3.23	1.55	0.55	−0.09	−0.320	−0.323	−0.323	−0.323	−0.323	6.2
6.3	16.45	10.30	8.54	7.26	6.30	4.70	3.22	1.53	0.53	−0.10	−0.315	−0.317	−0.317	−0.317	−0.317	6.3
6.4	16.61	10.38	8.60	7.30	6.32	4.71	3.21	1.51	0.51	−0.11	−0.311	−0.313	−0.313	−0.313	−0.313	6.4

附表 2

皮尔逊Ⅲ型曲线的模比系数 K_p 值表

(1) $C_s = C_v$

C_v \ $p(\%)$	0.01	0.1	0.2	0.33	0.5	1	2	5	10	20	50	75	90	95	99	$p(\%)$ / C_s
0.05	1.19	1.16	1.15	1.14	1.13	1.12	1.11	1.09	1.07	1.04	1.00	0.97	0.94	0.92	0.89	0.05
0.10	1.39	1.32	1.30	1.28	1.27	1.24	1.21	1.17	1.13	1.08	1.00	0.93	0.87	0.84	0.78	0.10
0.15	1.61	1.50	1.46	1.43	1.41	1.37	1.32	1.26	1.20	1.13	1.00	0.90	0.81	0.77	0.67	0.15
0.20	1.83	1.68	1.62	1.58	1.55	1.49	1.43	1.34	1.26	1.17	0.99	0.86	0.75	0.68	0.56	0.20
0.25	2.07	1.86	1.80	1.74	1.70	1.63	1.55	1.43	1.33	1.21	0.99	0.83	0.69	0.61	0.47	0.25
0.30	2.31	2.06	1.97	1.91	1.86	1.76	1.66	1.52	1.39	1.25	0.98	0.79	0.63	0.54	0.37	0.30
0.35	2.57	2.26	2.16	2.08	2.02	1.91	1.78	1.61	1.46	1.29	0.98	0.76	0.57	0.47	0.28	0.35
0.40	2.84	2.47	2.34	2.26	2.18	2.05	1.90	1.70	1.53	1.33	0.97	0.72	0.51	0.39	0.19	0.40
0.45	3.13	2.69	2.54	2.44	2.35	2.19	2.03	1.79	1.60	1.37	0.97	0.69	0.45	0.33	0.10	0.45
0.50	3.42	2.91	2.74	2.63	2.52	2.34	2.16	1.89	1.66	1.40	0.96	0.65	0.39	0.26	0.02	0.50
0.55	3.72	3.14	2.95	2.82	2.70	2.49	2.29	1.98	1.73	1.44	0.95	0.61	0.34	0.20	−0.06	0.55
0.60	4.03	3.38	3.16	3.01	2.88	2.65	2.41	2.08	1.80	1.48	0.94	0.57	0.28	0.13	−0.13	0.60
0.65	4.36	3.62	3.38	3.21	3.07	2.81	2.55	2.18	1.87	1.52	0.93	0.53	0.23	0.07	−0.20	0.65
0.70	4.70	3.87	3.60	3.42	3.25	2.97	2.68	2.27	1.93	1.55	0.92	0.50	0.17	0.01	−0.27	0.70
0.75	5.05	4.13	3.84	3.63	3.45	3.14	2.82	2.37	2.00	1.59	0.91	0.46	0.12	−0.05	−0.33	0.75
0.80	5.40	4.39	4.08	3.84	3.65	3.31	2.96	2.47	2.07	1.62	0.90	0.42	0.06	−0.10	−0.39	0.80
0.85	5.78	4.67	4.33	4.07	3.86	3.49	3.11	2.57	2.14	1.66	0.88	0.37	0.01	−0.16	−0.44	0.85
0.90	6.16	4.95	4.57	4.29	4.06	3.66	3.25	2.67	2.21	1.69	0.86	0.34	−0.04	−0.22	−0.49	0.90
0.95	6.56	5.24	4.83	4.53	4.28	3.84	3.40	2.78	2.28	1.73	0.85	0.31	−0.09	−0.27	−0.55	0.95
1.00	6.96	5.53	5.09	4.76	4.49	4.02	3.54	2.88	2.34	1.76	0.84	0.27	−0.13	−0.32	−0.59	1.00

续表

(2) $C_s=2C_v$

C_v \ p(%)	0.01	0.1	0.2	0.33	0.5	1	2	5	10	20	50	75	90	95	99	p(%) / C_s
0.05	1.20	1.16	1.15	1.14	1.13	1.12	1.11	1.08	1.06	1.04	1.00	0.97	0.94	0.92	0.89	0.10
0.10	1.42	1.34	1.31	1.29	1.27	1.25	1.21	1.17	1.13	1.08	1.00	0.93	0.87	0.84	0.78	0.20
0.15	1.67	1.54	1.48	1.46	1.43	1.38	1.33	1.26	1.20	1.12	0.99	0.90	0.81	0.77	0.69	0.30
0.20	1.92	1.73	1.67	1.63	1.59	1.52	1.45	1.35	1.26	1.16	0.99	0.86	0.75	0.70	0.59	0.40
0.22	2.04	1.82	1.75	1.70	1.66	1.58	1.50	1.39	1.29	1.18	0.98	0.84	0.73	0.67	0.56	0.44
0.24	2.16	1.91	1.83	1.77	1.73	1.64	1.55	1.43	1.32	1.19	0.98	0.83	0.71	0.64	0.53	0.48
0.25	2.22	1.96	1.87	1.81	1.77	1.67	1.58	1.45	1.33	1.20	0.98	0.82	0.70	0.63	0.52	0.50
0.26	2.28	2.01	1.91	1.85	1.80	1.70	1.60	1.46	1.34	1.21	0.98	0.82	0.69	0.62	0.50	0.52
0.28	2.40	2.10	2.00	1.93	1.87	1.76	1.66	1.50	1.37	1.22	0.97	0.79	0.66	0.59	0.47	0.56
0.30	2.52	2.19	2.08	2.01	1.94	1.83	1.71	1.54	1.40	1.24	0.97	0.78	0.64	0.56	0.44	0.60
0.35	2.86	2.44	2.31	2.22	2.13	2.00	1.48	1.64	1.47	1.28	0.96	0.75	0.59	0.51	0.37	0.70
0.40	3.20	2.70	2.54	2.42	2.32	2.16	1.98	1.74	1.54	1.31	0.95	0.71	0.53	0.45	0.30	0.80
0.45	3.59	2.98	2.80	2.65	2.53	2.33	2.13	1.84	1.60	1.35	0.93	0.67	0.48	0.40	0.26	0.90
0.50	3.98	3.27	3.05	2.88	2.74	2.51	2.27	1.94	1.67	1.38	0.92	0.64	0.44	0.34	0.21	1.00
0.55	4.42	3.58	3.32	3.12	2.97	2.70	2.42	2.04	1.74	1.41	0.90	0.59	0.40	0.30	0.16	1.10
0.60	4.85	3.89	3.59	3.37	3.20	2.89	2.57	2.15	1.80	1.44	0.89	0.56	0.35	0.26	0.13	1.20
0.65	5.33	4.22	3.89	3.64	3.44	3.09	2.74	2.25	1.87	1.47	0.87	0.52	0.31	0.22	0.10	1.30
0.70	5.81	4.56	4.19	3.91	3.68	3.29	2.90	2.36	1.94	1.50	0.85	0.49	0.27	0.18	0.08	1.40
0.75	6.33	4.93	4.52	4.19	3.93	3.50	3.06	2.46	2.00	1.52	0.82	0.45	0.24	0.15	0.06	1.50
0.80	6.85	5.30	4.84	4.47	4.19	3.71	3.22	2.57	2.06	1.54	0.80	0.42	0.21	0.12	0.04	1.60
0.90	7.98	6.08	5.51	5.07	4.74	4.15	3.56	2.78	2.19	1.58	0.75	0.35	0.15	0.08	0.02	1.80

(3) $C_s=3C_v$

$p(\%)$ / C_v	0.01	0.1	0.2	0.33	0.5	1	2	5	10	20	50	75	90	95	99	$p(\%)$ / C_s
0.20	2.02	1.79	1.72	1.67	1.63	1.55	1.47	1.36	1.27	1.16	0.98	0.86	0.76	0.71	0.62	0.60
0.25	2.35	2.05	1.95	1.88	1.82	1.72	1.61	1.46	1.34	1.20	0.97	0.82	0.71	0.65	0.56	0.75
0.30	2.72	2.32	2.19	2.10	2.02	1.89	1.75	1.56	1.40	1.23	0.96	0.78	0.66	0.60	0.50	0.90
0.35	3.12	2.61	2.46	2.33	2.24	2.07	1.90	1.66	1.47	1.26	0.94	0.74	0.61	0.55	0.46	1.05
0.40	3.56	2.92	2.73	2.58	2.46	2.26	2.05	1.76	1.54	1.29	0.92	0.70	0.57	0.50	0.42	1.20
0.42	3.75	3.06	2.85	2.69	2.56	2.34	2.11	1.81	1.56	1.31	0.91	0.69	0.55	0.49	0.41	1.26
0.44	3.94	3.19	2.97	2.80	2.65	2.42	2.17	1.85	1.59	1.32	0.91	0.67	0.54	0.47	0.40	1.32
0.45	4.04	3.26	3.03	2.85	2.70	2.46	2.21	1.87	1.60	1.32	0.90	0.67	0.53	0.47	0.39	1.35
0.46	4.14	3.33	3.09	2.90	2.75	2.50	2.24	1.89	1.61	1.33	0.90	0.66	0.52	0.46	0.39	1.38
0.48	4.34	3.47	3.21	3.01	2.85	2.58	2.31	1.93	1.65	1.34	0.89	0.65	0.51	0.45	0.38	1.44
0.50	4.55	3.62	3.34	3.12	2.96	2.67	2.37	1.98	1.67	1.35	0.88	0.64	0.49	0.44	0.37	1.50
0.52	4.76	3.76	3.46	3.24	3.06	2.75	2.44	2.02	1.69	1.36	0.87	0.62	0.48	0.42	0.36	1.56
0.54	4.98	3.91	3.60	3.36	3.16	2.84	2.51	2.06	1.72	1.36	0.86	0.61	0.47	0.41	0.36	1.62
0.55	5.09	3.99	3.66	3.42	3.21	2.88	2.54	2.08	1.73	1.36	0.86	0.60	0.46	0.41	0.36	1.65
0.56	5.20	4.07	3.73	3.48	3.27	2.93	2.57	2.10	1.74	1.37	0.85	0.59	0.46	0.40	0.35	1.68
0.58	5.43	4.23	3.86	3.59	3.38	3.01	2.64	2.14	1.77	1.38	0.84	0.58	0.45	0.40	0.35	1.74
0.60	5.66	4.38	4.01	3.71	3.49	3.10	2.71	2.19	1.79	1.38	0.83	0.57	0.44	0.39	0.35	1.80
0.65	6.26	4.81	4.36	4.03	3.77	3.33	2.88	2.29	1.85	1.40	0.80	0.53	0.41	0.37	0.34	1.95
0.70	6.90	5.23	4.73	4.35	4.06	3.56	3.05	2.40	1.90	1.41	0.78	0.50	0.39	0.36	0.34	2.10
0.75	7.57	5.68	5.12	4.69	4.36	3.80	3.24	2.50	1.96	1.42	0.76	0.48	0.38	0.35	0.34	2.25
0.80	8.26	6.14	5.50	5.04	4.66	4.05	3.42	2.61	2.01	1.43	0.72	0.46	0.36	0.34	0.34	2.40

续表

(4) $C_s=3.5C_v$

p(%) / C_v	0.01	0.1	0.2	0.33	0.5	1	2	5	10	20	50	75	90	95	99	p(%) / C_s
0.20	2.06	1.82	1.74	1.69	1.64	1.56	1.48	1.36	1.27	1.16	0.98	0.86	0.76	0.72	0.64	0.70
0.25	2.42	2.09	1.99	1.91	1.85	1.74	1.62	1.46	1.34	1.19	0.96	0.82	0.71	0.66	0.58	0.88
0.30	2.82	2.38	2.24	2.14	2.06	1.92	1.77	1.57	1.40	1.22	0.95	0.78	0.67	0.61	0.53	1.05
0.35	3.26	2.70	2.52	2.39	2.29	2.11	1.92	1.67	1.47	1.26	0.93	0.74	0.62	0.57	0.50	1.22
0.40	3.75	3.04	2.82	2.66	2.53	2.31	2.08	1.78	1.53	1.28	0.91	0.71	0.58	0.53	0.47	1.40
0.42	3.95	3.18	2.95	2.77	2.63	2.39	2.15	1.82	1.56	1.29	0.90	0.69	0.57	0.52	0.46	1.47
0.44	4.16	3.33	3.08	2.88	2.73	2.48	2.21	1.86	1.59	1.30	0.89	0.68	0.56	0.51	0.46	1.54
0.45	4.27	3.40	3.14	2.94	2.79	2.52	2.25	1.88	1.60	1.31	0.89	0.67	0.55	0.50	0.45	1.58
0.46	4.37	3.48	3.21	3.00	2.84	2.56	2.28	1.90	1.61	1.31	0.88	0.66	0.54	0.50	0.45	1.61
0.48	4.60	3.63	3.35	3.12	2.94	2.65	2.35	1.95	1.64	1.32	0.87	0.65	0.53	0.49	0.45	1.68
0.50	4.82	3.78	3.48	3.24	3.06	2.74	2.42	1.99	1.66	1.32	0.86	0.64	0.52	0.48	0.44	1.75
0.52	5.06	3.95	3.62	3.36	3.16	2.83	2.48	2.03	1.69	1.33	0.85	0.63	0.51	0.47	0.44	1.82
0.54	5.30	4.11	3.76	3.48	3.28	2.91	2.55	2.07	1.71	1.34	0.84	0.61	0.50	0.47	0.44	1.89
0.55	5.41	4.20	3.83	3.55	3.34	2.96	2.58	2.10	1.72	1.34	0.84	0.60	0.50	0.46	0.44	1.92
0.56	5.55	4.28	3.91	3.61	3.39	3.01	2.62	2.12	1.73	1.35	0.83	0.60	0.49	0.46	0.43	1.96
0.58	5.80	4.45	4.05	3.74	3.51	3.10	2.69	2.16	1.75	1.35	0.82	0.58	0.48	0.46	0.43	2.03
0.60	6.06	4.62	4.20	3.87	3.62	3.20	2.76	2.20	1.77	1.35	0.81	0.57	0.48	0.45	0.43	2.10
0.65	6.73	5.08	4.58	4.22	3.92	3.44	2.94	2.30	1.83	1.36	0.78	0.55	0.46	0.44	0.43	2.28
0.70	7.43	5.54	4.98	4.56	4.23	3.68	3.12	2.41	1.88	1.37	0.75	0.53	0.45	0.44	0.43	2.45
0.75	8.16	6.02	5.38	4.92	4.55	3.92	3.30	2.51	1.92	1.37	0.72	0.50	0.44	0.43	0.43	2.62
0.80	8.94	6.53	5.81	5.29	4.87	4.18	3.49	2.61	1.97	1.37	0.70	0.49	0.44	0.43	0.43	2.80

续表

(5)$C_s=4C_v$

p(%) / C_v	0.01	0.1	0.2	0.33	0.5	1	2	5	10	20	50	75	90	95	99	p(%) / C_s
0.20	2.10	1.85	1.77	1.71	1.66	1.58	1.49	1.37	1.27	1.16	0.97	0.85	0.77	0.72	0.65	0.80
0.25	2.49	2.13	2.02	1.94	1.87	1.76	1.64	1.47	1.34	1.19	0.96	0.82	0.72	0.67	0.60	1.00
0.30	2.92	2.44	2.30	2.18	2.10	1.94	1.79	1.57	1.40	1.22	0.94	0.78	0.68	0.63	0.56	1.20
0.35	3.40	2.78	2.60	2.45	2.34	2.14	1.95	1.68	1.47	1.25	0.92	0.74	0.64	0.59	0.54	1.40
0.40	3.92	3.15	2.92	2.74	2.60	2.36	2.11	1.78	1.53	1.27	0.90	0.71	0.60	0.56	0.52	1.60
0.42	4.15	3.30	3.05	2.86	2.70	2.44	2.18	1.83	1.56	1.28	0.89	0.70	0.59	0.55	0.52	1.68
0.44	4.38	3.46	3.19	2.98	2.81	2.53	2.25	1.87	1.58	1.29	0.88	0.68	0.58	0.55	0.51	1.76
0.45	4.49	3.54	3.25	3.03	2.87	2.58	2.28	1.89	1.59	1.29	0.87	0.68	0.58	0.54	0.51	1.80
0.46	4.62	3.62	3.32	3.10	2.92	2.62	2.32	1.91	1.61	1.29	0.87	0.67	0.57	0.54	0.51	1.84
0.48	4.86	3.79	3.47	3.22	3.04	2.71	2.39	1.96	1.63	1.30	0.86	0.66	0.56	0.53	0.51	1.92
0.50	5.10	3.96	3.61	3.35	3.15	2.80	2.45	2.00	1.65	1.31	0.84	0.64	0.55	0.53	0.50	2.00
0.52	5.36	4.12	3.76	3.48	3.27	2.90	2.52	2.04	1.67	1.31	0.83	0.63	0.55	0.52	0.50	2.08
0.54	5.62	4.30	3.91	3.61	3.38	2.99	2.59	2.08	1.69	1.31	0.82	0.62	0.54	0.52	0.50	2.16
0.55	5.76	4.39	3.99	3.68	3.44	3.03	2.63	2.10	1.70	1.31	0.82	0.62	0.54	0.52	0.50	2.20
0.56	5.90	4.48	4.06	3.75	3.50	3.09	2.66	2.12	1.71	1.31	0.81	0.61	0.53	0.51	0.50	2.24
0.58	6.18	4.67	4.22	3.89	3.62	3.19	2.74	2.16	1.74	1.32	0.80	0.60	0.53	0.51	0.50	2.32
0.60	6.45	4.85	4.38	4.03	3.75	3.29	2.81	2.21	1.76	1.32	0.79	0.59	0.52	0.51	0.50	2.40
0.65	7.18	5.34	4.78	4.38	4.07	3.53	2.99	2.31	1.80	1.32	0.76	0.57	0.51	0.50	0.50	2.60
0.70	7.95	5.84	5.21	4.75	4.39	3.78	3.18	2.41	1.85	1.32	0.73	0.55	0.51	0.50	0.50	2.80
0.75	8.76	6.36	5.65	5.13	4.72	4.03	3.36	2.50	1.88	1.32	0.71	0.54	0.51	0.50	0.50	3.00
0.80	9.62	6.90	6.11	5.53	5.06	4.30	3.55	2.60	1.91	1.30	0.68	0.53	0.50	0.50	0.50	3.20

附表 3　　　　瞬时单位线 *S* 曲线查用表

t/k \ n	1.0	1.1	1.2	1.3	1.4	1.5	1.6	1.7	1.8	1.9	2.0	2.1	2.2	2.3	2.4	2.5	2.6	2.7	2.8	2.9	3.0
0	0	0	0	0	0	0	0	0	0	0	0	0	0	0	0	0	0	0	0	0	0
0.1	0.095	0.072	0.054	0.041	0.030	0.022	0.017	0.012	0.009	0.007	0.005	0.003	0.002	0.002	0.001	0.001	0.001	0	0	0	0
0.2	0.181	0.147	0.118	0.095	0.075	0.060	0.047	0.036	0.029	0.022	0.018	0.014	0.010	0.008	0.006	0.004	0.003	0.002	0.002	0.001	0.001
0.3	0.259	0.218	0.182	0.152	0.126	0.104	0.086	0.069	0.057	0.045	0.037	0.030	0.024	0.019	0.015	0.012	0.010	0.007	0.006	0.005	0.004
0.4	0.330	0.285	0.244	0.209	0.178	0.150	0.127	0.107	0.089	0.074	0.061	0.051	0.042	0.034	0.028	0.023	0.019	0.015	0.012	0.010	0.008
0.5	0.393	0.346	0.305	0.266	0.230	0.198	0.171	0.146	0.126	0.106	0.090	0.076	0.065	0.054	0.045	0.037	0.031	0.025	0.022	0.018	0.014
0.6	0.451	0.403	0.360	0.318	0.281	0.237	0.216	0.188	0.164	0.142	0.122	0.104	0.090	0.076	0.065	0.055	0.046	0.039	0.033	0.028	0.023
0.7	0.503	0.456	0.411	0.369	0.331	0.294	0.261	0.231	0.200	0.178	0.156	0.136	0.117	0.101	0.088	0.075	0.065	0.056	0.044	0.039	0.034
0.8	0.551	0.505	0.461	0.418	0.378	0.340	0.306	0.273	0.243	0.216	0.191	0.169	0.149	0.130	0.113	0.098	0.086	0.074	0.064	0.056	0.047
0.9	0.593	0.549	0.505	0.464	0.423	0.385	0.349	0.315	0.285	0.255	0.228	0.202	0.180	0.160	0.141	0.124	0.109	0.096	0.084	0.073	0.063
1.0	0.632	0.589	0.547	0.506	0.466	0.428	0.392	0.356	0.324	0.293	0.264	0.238	0.213	0.190	0.170	0.151	0.134	0.118	0.104	0.092	0.080
1.1	0.667	0.626	0.585	0.545	0.506	0.468	0.431	0.396	0.363	0.331	0.301	0.273	0.247	0.222	0.200	0.179	0.160	0.143	0.127	0.113	0.100
1.2	0.699	0.660	0.621	0.582	0.544	0.506	0.470	0.436	0.400	0.368	0.337	0.308	0.281	0.255	0.231	0.219	0.188	0.169	0.151	0.135	0.121
1.3	0.728	0.691	0.654	0.616	0.579	0.543	0.506	0.471	0.447	0.405	0.373	0.343	0.315	0.288	0.262	0.239	0.216	0.196	0.171	0.159	0.143
1.4	0.753	0.719	0.684	0.648	0.612	0.577	0.541	0.507	0.473	0.440	0.408	0.378	0.348	0.321	0.294	0.269	0.246	0.224	0.203	0.184	0.167
1.5	0.777	0.744	0.711	0.677	0.643	0.608	0.574	0.540	0.507	0.474	0.442	0.411	0.382	0.353	0.326	0.300	0.275	0.252	0.231	0.210	0.191
1.6	0.798	0.768	0.736	0.704	0.671	0.638	0.605	0.572	0.539	0.507	0.475	0.444	0.414	0.385	0.357	0.331	0.305	0.281	0.258	0.237	0.217
1.7	0.817	0.789	0.759	0.729	0.698	0.666	0.634	0.602	0.570	0.538	0.507	0.476	0.446	0.417	0.389	0.361	0.335	0.310	0.287	0.264	0.243
1.8	0.835	0.808	0.781	0.752	0.722	0.692	0.661	0.630	0.599	0.568	0.537	0.507	0.477	0.448	0.419	0.392	0.365	0.330	0.315	0.292	0.269
1.9	0.850	0.826	0.800	0.773	0.745	0.716	0.687	0.657	0.627	0.596	0.566	0.536	0.507	0.478	0.449	0.421	0.395	0.368	0.343	0.319	0.296
2.0	0.865	0.842	0.818	0.792	0.766	0.739	0.710	0.682	0.653	0.623	0.594	0.565	0.536	0.507	0.478	0.451	0.423	0.397	0.372	0.347	0.323
2.1	0.878	0.856	0.834	0.810	0.785	0.759	0.733	0.706	0.679	0.649	0.620	0.592	0.565	0.535	0.507	0.479	0.452	0.425	0.400	0.375	0.350
2.2	0.890	0.870	0.849	0.826	0.803	0.778	0.753	0.727	0.700	0.673	0.645	0.618	0.590	0.562	0.534	0.507	0.480	0.453	0.427	0.402	0.377
2.3	0.900	0.882	0.862	0.841	0.819	0.796	0.772	0.748	0.722	0.696	0.669	0.642	0.615	0.588	0.560	0.533	0.507	0.480	0.454	0.429	0.404
2.4	0.909	0.895	0.875	0.855	0.835	0.813	0.790	0.767	0.742	0.717	0.692	0.665	0.639	0.613	0.586	0.559	0.533	0.507	0.481	0.455	0.430

续表

t/k \ n	1.0	1.1	1.2	1.3	1.4	1.5	1.6	1.7	1.8	1.9	2.0	2.1	2.2	2.3	2.4	2.5	2.6	2.7	2.8	2.9	3.0
2.5	0.918	0.902	0.886	0.868	0.849	0.828	0.807	0.784	0.761	0.737	0.713	0.688	0.662	0.636	0.610	0.584	0.558	0.532	0.506	0.481	0.456
2.6	0.926	0.912	0.896	0.879	0.861	0.842	0.822	0.801	0.779	0.756	0.733	0.708	0.684	0.659	0.634	0.608	0.582	0.557	0.532	0.506	0.482
2.7	0.933	0.920	0.905	0.890	0.873	0.855	0.836	0.816	0.796	0.774	0.751	0.728	0.704	0.680	0.656	0.631	0.606	0.581	0.556	0.531	0.506
2.8	0.939	0.928	0.914	0.899	0.884	0.867	0.849	0.831	0.811	0.790	0.769	0.747	0.724	0.701	0.677	0.653	0.629	0.604	0.579	0.555	0.531
2.9	0.945	0.934	0.922	0.908	0.894	0.878	0.862	0.844	0.825	0.806	0.785	0.764	0.742	0.720	0.697	0.674	0.650	0.626	0.602	0.578	0.554
3.0	0.950	0.940	0.929	0.916	0.903	0.888	0.873	0.856	0.839	0.820	0.801	0.781	0.760	0.738	0.716	0.694	0.671	0.648	0.624	0.600	0.577
3.1	0.955	0.946	0.935	0.924	0.911	0.898	0.883	0.868	0.851	0.834	0.815	0.796	0.776	0.756	0.734	0.713	0.691	0.668	0.645	0.622	0.599
3.2	0.959	0.951	0.941	0.930	0.919	0.906	0.893	0.878	0.863	0.846	0.829	0.811	0.792	0.772	0.752	0.731	0.709	0.688	0.665	0.643	0.620
3.3	0.963	0.955	0.946	0.936	0.926	0.914	0.902	0.888	0.873	0.858	0.841	0.824	0.806	0.787	0.768	0.748	0.727	0.706	0.685	0.663	0.641
3.4	0.967	0.959	0.951	0.942	0.932	0.921	0.910	0.897	0.883	0.869	0.853	0.837	0.820	0.802	0.783	0.764	0.744	0.724	0.703	0.682	0.660
3.5	0.970	0.963	0.956	0.947	0.938	0.928	0.917	0.905	0.892	0.879	0.864	0.849	0.832	0.815	0.798	0.779	0.760	0.741	0.721	0.700	0.679
3.6	0.973	0.967	0.960	0.952	0.944	0.934	0.924	0.913	0.901	0.888	0.874	0.860	0.844	0.828	0.811	0.794	0.776	0.757	0.738	0.718	0.697
3.7	0.975	0.970	0.963	0.956	0.948	0.940	0.930	0.920	0.909	0.897	0.884	0.870	0.856	0.840	0.824	0.807	0.790	0.772	0.753	0.734	0.715
3.8	0.978	0.973	0.967	0.960	0.953	0.945	0.936	0.926	0.916	0.905	0.893	0.880	0.866	0.851	0.846	0.820	0.804	0.786	0.768	0.750	0.731
3.9	0.980	0.975	0.970	0.964	0.957	0.950	0.941	0.932	0.923	0.912	0.901	0.889	0.876	0.862	0.848	0.834	0.817	0.800	0.783	0.765	0.747
4.0	0.982	0.977	0.973	0.967	0.961	0.954	0.946	0.938	0.929	0.919	0.908	0.897	0.885	0.872	0.858	0.844	0.829	0.813	0.796	0.779	0.762
4.2	0.985	0.981	0.971	0.973	0.967	0.962	0.955	0.948	0.940	0.931	0.922	0.912	0.901	0.890	0.877	0.864	0.851	0.837	0.822	0.806	0.790
4.4	0.988	0.985	0.981	0.977	0.973	0.968	0.962	0.956	0.949	0.942	0.934	0.925	0.915	0.905	0.894	0.883	0.870	0.857	0.844	0.830	0.815
4.6	0.990	0.987	0.985	0.981	0.975	0.973	0.963	0.963	0.957	0.951	0.944	0.936	0.928	0.919	0.909	0.899	0.888	0.876	0.864	0.851	0.837
4.8	0.992	0.990	0.987	0.985	0.981	0.978	0.974	0.969	0.964	0.958	0.952	0.946	0.938	0.930	0.922	0.913	0.903	0.892	0.881	0.870	0.857
5.0	0.993	0.992	0.990	0.987	0.984	0.981	0.978	0.974	0.970	0.965	0.960	0.954	0.947	0.940	0.933	0.925	0.916	0.907	0.897	0.886	0.875
5.5	0.996	0.995	0.994	0.992	0.990	0.988	0.986	0.983	0.980	0.977	0.973	0.969	0.965	0.960	0.955	0.949	0.942	0.935	0.928	0.920	0.912
6.0	0.998	0.997	0.996	0.995	0.994	0.993	0.991	0.989	0.987	0.985	0.983	0.980	0.977	0.973	0.969	0.965	0.961	0.956	0.950	0.944	0.938
7.0	0.999	0.999	0.998	0.998	0.998	0.997	0.996	0.996	0.995	0.994	0.993	0.991	0.990	0.988	0.986	0.984	0.982	0.980	0.977	0.974	0.970
8.0			0.999	0.999	0.999	0.999	0.999	0.998	0.998	0.997	0.997	0.996	0.996	0.995	0.994	0.993	0.992	0.991	0.989	0.988	0.986
9.0								0.999	0.999	0.999	0.999	0.999	0.998	0.998	0.997	0.997	0.997	0.996	0.995	0.995	0.994

续表

t/k \ n	3.0	3.1	3.2	3.3	3.4	3.5	3.6	3.7	3.8	3.9	4.0	4.1	4.2	4.3	4.4	4.5	4.6	4.7	4.8	4.9	5.0
0	0	0	0	0	0	0	0	0	0	0	0	0	0	0	0	0	0	0	0	0	0
0.5	0.014	0.012	0.010	0.008	0.006	0.005	0.004	0.003	0.003	0.002	0.002	0.001	0.001	0.001	0.001	0.001	0	0	0	0	0
1.0	0.080	0.070	0.061	0.053	0.046	0.040	0.035	0.030	0.026	0.022	0.019	0.016	0.014	0.012	0.010	0.009	0.007	0.006	0.005	0.004	0.004
1.1	0.100	0.088	0.077	0.068	0.060	0.052	0.045	0.040	0.034	0.030	0.026	0.022	0.019	0.016	0.014	0.012	0.010	0.009	0.008	0.006	0.005
1.2	0.121	0.107	0.095	0.084	0.074	0.066	0.058	0.051	0.044	0.039	0.034	0.029	0.026	0.022	0.019	0.017	0.014	0.012	0.011	0.009	0.008
1.3	0.143	0.128	0.114	0.102	0.091	0.081	0.071	0.063	0.056	0.049	0.043	0.038	0.033	0.029	0.025	0.022	0.019	0.017	0.014	0.012	0.011
1.4	0.167	0.150	0.135	0.121	0.109	0.097	0.087	0.077	0.069	0.061	0.054	0.047	0.042	0.037	0.032	0.028	0.025	0.022	0.019	0.016	0.014
1.5	0.191	0.173	0.157	0.142	0.128	0.115	0.103	0.092	0.083	0.074	0.066	0.058	0.052	0.046	0.040	0.036	0.031	0.028	0.024	0.021	0.019
1.6	0.217	0.198	0.180	0.164	0.148	0.134	0.121	0.109	0.098	0.088	0.079	0.070	0.063	0.056	0.050	0.044	0.039	0.035	0.031	0.027	0.024
1.7	0.243	0.223	0.204	0.186	0.170	0.154	0.140	0.127	0.115	0.103	0.093	0.084	0.075	0.067	0.060	0.054	0.048	0.043	0.038	0.033	0.030
1.8	0.269	0.248	0.228	0.210	0.192	0.175	0.160	0.146	0.132	0.120	0.109	0.098	0.089	0.080	0.072	0.064	0.058	0.051	0.046	0.041	0.036
1.9	0.296	0.274	0.253	0.234	0.215	0.197	0.181	0.166	0.151	0.138	0.125	0.114	0.103	0.093	0.084	0.076	0.068	0.061	0.055	0.049	0.044
2.0	0.323	0.301	0.279	0.258	0.239	0.220	0.203	0.186	0.171	0.156	0.143	0.130	0.119	0.108	0.098	0.089	0.080	0.072	0.065	0.059	0.053
2.1	0.350	0.327	0.305	0.283	0.263	0.244	0.225	0.208	0.191	0.176	0.161	0.148	0.135	0.123	0.112	0.102	0.093	0.084	0.076	0.069	0.062
2.2	0.377	0.354	0.331	0.309	0.287	0.267	0.248	0.230	0.212	0.196	0.181	0.166	0.153	0.140	0.128	0.117	0.107	0.097	0.088	0.080	0.072
2.3	0.404	0.380	0.356	0.334	0.312	0.291	0.271	0.252	0.234	0.217	0.201	0.185	0.171	0.157	0.144	0.132	0.121	0.111	0.101	0.092	0.084
2.4	0.430	0.406	0.382	0.359	0.337	0.316	0.295	0.275	0.256	0.238	0.221	0.205	0.190	0.175	0.161	0.149	0.137	0.125	0.115	0.105	0.096
2.5	0.456	0.432	0.408	0.385	0.362	0.340	0.319	0.299	0.279	0.260	0.242	0.225	0.209	0.194	0.179	0.166	0.153	0.141	0.129	0.119	0.109
2.6	0.482	0.457	0.433	0.410	0.387	0.364	0.343	0.322	0.302	0.283	0.264	0.246	0.229	0.213	0.198	0.183	0.170	0.157	0.145	0.133	0.123
2.7	0.506	0.482	0.458	0.434	0.411	0.389	0.367	0.346	0.325	0.305	0.286	0.268	0.250	0.233	0.217	0.202	0.187	0.174	0.161	0.149	0.137
2.8	0.531	0.506	0.482	0.459	0.436	0.413	0.391	0.369	0.348	0.328	0.308	0.289	0.271	0.253	0.237	0.221	0.206	0.191	0.178	0.165	0.152
2.9	0.554	0.530	0.506	0.483	0.460	0.437	0.414	0.392	0.371	0.350	0.330	0.311	0.292	0.274	0.257	0.240	0.224	0.209	0.195	0.181	0.168
3.0	0.577	0.553	0.530	0.506	0.483	0.460	0.438	0.416	0.394	0.373	0.353	0.333	0.314	0.295	0.277	0.260	0.244	0.228	0.213	0.198	0.185
3.1	0.599	0.576	0.552	0.529	0.506	0.483	0.461	0.439	0.417	0.396	0.375	0.355	0.335	0.316	0.298	0.280	0.263	0.246	0.231	0.216	0.202
3.2	0.620	0.603	0.574	0.552	0.528	0.506	0.484	0.462	0.440	0.418	0.397	0.377	0.357	0.338	0.319	0.301	0.283	0.266	0.250	0.234	0.219

续表

n / t/k	3.0	3.1	3.2	3.3	3.4	3.5	3.6	3.7	3.8	3.9	4.0	4.1	4.2	4.3	4.4	4.5	4.6	4.7	4.8	4.9	5.0
3.3	0.641	0.618	0.596	0.573	0.551	0.528	0.506	0.484	0.462	0.441	0.420	0.399	0.379	0.359	0.340	0.321	0.304	0.286	0.269	0.253	0.237
3.4	0.660	0.638	0.616	0.594	0.572	0.550	0.528	0.506	0.484	0.463	0.442	0.421	0.400	0.380	0.361	0.342	0.324	0.306	0.289	0.272	0.256
3.5	0.679	0.658	0.636	0.615	0.593	0.571	0.549	0.528	0.506	0.485	0.462	0.442	0.422	0.404	0.382	0.363	0.344	0.326	0.308	0.291	0.275
3.6	0.697	0.677	0.656	0.634	0.613	0.592	0.570	0.549	0.527	0.506	0.484	0.464	0.443	0.423	0.403	0.384	0.365	0.346	0.328	0.311	0.293
3.7	0.715	0.695	0.674	0.653	0.633	0.612	0.590	0.569	0.548	0.527	0.506	0.485	0.464	0.444	0.424	0.404	0.385	0.366	0.348	0.330	0.313
3.8	0.731	0.712	0.692	0.672	0.651	0.631	0.610	0.589	0.568	0.547	0.527	0.506	0.485	0.465	0.445	0.425	0.406	0.387	0.368	0.350	0.332
3.9	0.747	0.728	0.709	0.689	0.670	0.649	0.629	0.609	0.588	0.567	0.548	0.526	0.506	0.485	0.465	0.446	0.426	0.407	0.388	0.370	0.352
4.0	0.762	0.744	0.725	0.706	0.687	0.667	0.647	0.627	0.607	0.587	0.567	0.546	0.526	0.506	0.486	0.466	0.446	0.427	0.403	0.389	0.371
4.2	0.790	0.773	0.756	0.738	0.720	0.701	0.682	0.663	0.644	0.624	0.605	0.585	0.565	0.545	0.525	0.506	0.486	0.467	0.448	0.429	0.410
4.4	0.815	0.799	0.783	0.767	0.750	0.733	0.715	0.697	0.678	0.660	0.641	0.621	0.602	0.582	0.563	0.544	0.525	0.506	0.486	0.468	0.449
4.6	0.837	0.823	0.809	0.793	0.778	0.761	0.745	0.728	0.710	0.692	0.674	0.656	0.637	0.619	0.600	0.581	0.562	0.543	0.524	0.505	0.487
4.8	0.857	0.845	0.831	0.817	0.803	0.788	0.772	0.756	0.740	0.723	0.706	0.688	0.671	0.653	0.634	0.616	0.598	0.579	0.560	0.542	0.524
5.0	0.875	0.864	0.851	0.838	0.825	0.811	0.797	0.782	0.767	0.751	0.735	0.718	0.702	0.683	0.667	0.650	0.632	0.614	0.596	0.578	0.560
5.2	0.891	0.881	0.870	0.858	0.846	0.833	0.820	0.806	0.792	0.777	0.762	0.746	0.731	0.714	0.698	0.681	0.664	0.647	0.629	0.612	0.594
5.4	0.905	0.896	0.886	0.875	0.864	0.852	0.840	0.828	0.814	0.801	0.787	0.772	0.757	0.742	0.726	0.710	0.694	0.678	0.661	0.644	0.627
5.6	0.918	0.909	0.900	0.891	0.880	0.870	0.859	0.847	0.835	0.822	0.809	0.796	0.782	0.768	0.753	0.738	0.722	0.707	0.691	0.674	0.658
5.8	0.928	0.921	0.913	0.904	0.895	0.885	0.875	0.865	0.854	0.842	0.830	0.818	0.805	0.791	0.777	0.763	0.749	0.734	0.719	0.703	0.687
6.0	0.938	0.930	0.924	0.916	0.908	0.899	0.890	0.881	0.870	0.860	0.849	0.837	0.825	0.813	0.800	0.787	0.773	0.759	0.745	0.730	0.715
6.5	0.957	0.952	0.947	0.941	0.935	0.927	0.921	0.913	0.905	0.897	0.888	0.879	0.869	0.859	0.848	0.837	0.826	0.814	0.802	0.789	0.776
7.0	0.970	0.967	0.963	0.958	0.954	0.949	0.943	0.938	0.932	0.925	0.918	0.911	0.903	0.895	0.887	0.878	0.868	0.859	0.848	0.838	0.827
7.5	0.980	0.977	0.974	0.971	0.968	0.964	0.960	0.956	0.951	0.946	0.941	0.935	0.929	0.923	0.916	0.911	0.602	0.894	0.886	0.877	0.868
8.0	0.986	0.984	0.982	0.980	0.978	0.975	0.972	0.969	0.965	0.962	0.958	0.953	0.949	0.944	0.939	0.933	0.927	0.921	0.915	0.908	0.900
9.0	0.994	0.993	0.991	0.990	0.989	0.988	0.986	0.985	0.983	0.981	0.979	0.976	0.974	0.971	0.968	0.965	0.961	0.958	0.954	0.950	0.945
10.0	0.997	0.997	0.996	0.996	0.995	0.994	0.994	0.993	0.992	0.991	0.990	0.988	0.987	0.985	0.984	0.982	0.980	0.978	0.976	0.973	0.971
11.0	0.999	0.999	0.998	0.998	0.998	0.997	0.997	0.997	0.996	0.996	0.995	0.994	0.994	0.993	0.992	0.991	0.990	0.989	0.988	0.986	0.985
12.0			0.999	0.999	0.999	0.999	0.999	0.998	0.998	0.998	0.998	0.997	0.997	0.997	0.996	0.996	0.995	0.994	0.994	0.993	0.992

续表

t/k \ n	5.0	5.1	5.2	5.3	5.4	5.5	5.6	5.7	5.8	5.9	6.0	6.1	6.2	6.3	6.4	6.5	6.6	6.7	6.8	6.9	7.0
0	0	0	0	0	0	0	0	0	0	0	0	0	0	0	0	0	0	0	0	0	0
0.5																					
1.0	0.004	0.003	0.003	0.002	0.002	0.002	0.001	0.001	0.001	0.001	0.001	0	0	0	0	0	0	0	0	0	0
1.5	0.019	0.016	0.014	0.012	0.011	0.009	0.008	0.007	0.006	0.005	0.004	0.004	0.003	0.003	0.002	0.002	0.002	0.001	0.001	0.001	0.001
2.0	0.053	0.047	0.042	0.038	0.034	0.030	0.027	0.024	0.021	0.019	0.017	0.015	0.013	0.011	0.010	0.009	0.008	0.007	0.006	0.005	0.004
2.5	0.109	0.100	0.091	0.083	0.076	0.069	0.063	0.057	0.051	0.047	0.042	0.038	0.034	0.031	0.028	0.025	0.022	0.020	0.018	0.016	0.014
3.0	0.185	0.172	0.160	0.148	0.137	0.127	0.117	0.108	0.099	0.091	0.084	0.077	0.071	0.065	0.059	0.054	0.049	0.045	0.041	0.037	0.034
3.2	0.219	0.205	0.192	0.179	0.166	0.155	0.144	0.133	0.123	0.114	0.105	0.098	0.090	0.083	0.076	0.070	0.064	0.059	0.053	0.049	0.045
3.4	0.256	0.240	0.226	0.211	0.198	0.185	0.173	0.161	0.150	0.139	0.129	0.120	0.111	0.103	0.095	0.088	0.081	0.075	0.069	0.063	0.058
3.6	0.294	0.217	0.261	0.246	0.231	0.217	0.204	0.191	0.179	0.167	0.156	0.146	0.135	0.126	0.117	0.109	0.100	0.093	0.086	0.080	0.073
3.8	0.332	0.315	0.298	0.282	0.266	0.251	0.237	0.223	0.210	0.197	0.184	0.173	0.162	0.151	0.141	0.132	0.122	0.114	0.106	0.098	0.091
4.0	0.371	0.353	0.336	0.319	0.303	0.287	0.271	0.256	0.242	0.228	0.215	0.202	0.190	0.178	0.167	0.157	0.146	0.137	0.128	0.119	0.111
4.1	0.391	0.373	0.355	0.338	0.321	0.305	0.289	0.274	0.259	0.244	0.231	0.218	0.205	0.193	0.181	0.170	0.159	0.149	0.139	0.130	0.121
4.2	0.410	0.392	0.374	0.357	0.340	0.323	0.307	0.291	0.276	0.261	0.247	0.233	0.220	0.208	0.195	0.184	0.172	0.162	0.151	0.142	0.133
4.3	0.430	0.411	0.393	0.375	0.358	0.341	0.325	0.309	0.293	0.278	0.263	0.249	0.236	0.223	0.210	0.198	0.186	0.175	0.164	0.154	0.144
4.4	0.449	0.430	0.412	0.394	0.377	0.360	0.343	0.327	0.311	0.295	0.280	0.266	0.251	0.238	0.225	0.212	0.200	0.189	0.177	0.167	0.156
4.5	0.468	0.449	0.431	0.413	0.395	0.378	0.361	0.345	0.328	0.312	0.297	0.282	0.268	0.254	0.240	0.227	0.214	0.203	0.191	0.180	0.169
4.6	0.487	0.469	0.450	0.432	0.414	0.397	0.379	0.363	0.346	0.330	0.314	0.299	0.284	0.270	0.256	0.243	0.229	0.217	0.205	0.193	0.182
4.7	0.505	0.487	0.469	0.451	0.433	0.415	0.398	0.381	0.364	0.348	0.332	0.316	0.301	0.286	0.272	0.258	0.244	0.232	0.219	0.207	0.195
4.8	0.524	0.505	0.487	0.469	0.451	0.433	0.416	0.399	0.382	0.365	0.349	0.333	0.318	0.303	0.288	0.274	0.260	0.247	0.234	0.221	0.209
4.9	0.542	0.524	0.505	0.487	0.469	0.452	0.434	0.417	0.400	0.383	0.366	0.350	0.335	0.320	0.304	0.290	0.276	0.262	0.249	0.236	0.223
5.0	0.560	0.541	0.523	0.505	0.487	0.470	0.452	0.435	0.418	0.401	0.384	0.368	0.352	0.336	0.321	0.306	0.292	0.278	0.264	0.251	0.238
5.1	0.577	0.559	0.541	0.523	0.505	0.488	0.470	0.453	0.435	0.418	0.402	0.385	0.369	0.353	0.338	0.323	0.308	0.294	0.279	0.266	0.253
5.2	0.594	0.576	0.558	0.541	0.523	0.505	0.488	0.470	0.453	0.436	0.419	0.403	0.386	0.370	0.354	0.339	0.324	0.310	0.295	0.281	0.268
5.3	0.610	0.593	0.575	0.558	0.540	0.523	0.505	0.488	0.471	0.453	0.437	0.420	0.403	0.387	0.371	0.356	0.340	0.326	0.311	0.297	0.283

续表

n t/k	5.0	5.1	5.2	5.3	5.4	5.5	5.6	5.7	5.8	5.9	6.0	6.1	6.2	6.3	6.4	6.5	6.6	6.7	6.8	6.9	7.0
5.4	0.627	0.609	0.592	0.575	0.557	0.540	0.522	0.505	0.488	0.471	0.454	0.437	0.421	0.404	0.388	0.373	0.357	0.342	0.327	0.313	0.298
5.5	0.642	0.626	0.608	0.591	0.574	0.557	0.539	0.522	0.505	0.488	0.471	0.454	0.438	0.421	0.405	0.389	0.374	0.358	0.343	0.328	0.314
5.6	0.658	0.641	0.624	0.607	0.590	0.573	0.556	0.539	0.522	0.505	0.488	0.471	0.455	0.438	0.422	0.406	0.390	0.375	0.359	0.345	0.330
5.7	0.673	0.656	0.640	0.623	0.606	0.590	0.573	0.556	0.539	0.522	0.505	0.488	0.472	0.455	0.439	0.423	0.407	0.391	0.376	0.361	0.346
5.8	0.687	0.671	0.655	0.639	0.622	0.606	0.589	0.572	0.555	0.538	0.522	0.505	0.488	0.472	0.456	0.439	0.423	0.408	0.392	0.377	0.362
5.9	0.701	0.686	0.670	0.654	0.638	0.621	0.605	0.588	0.571	0.555	0.538	0.522	0.505	0.489	0.472	0.456	0.440	0.424	0.408	0.393	0.378
6.0	0.715	0.700	0.684	0.668	0.652	0.636	0.620	0.604	0.587	0.571	0.554	0.538	0.521	0.505	0.489	0.472	0.456	0.440	0.425	0.409	0.394
6.2	0.741	0.726	0.712	0.696	0.681	0.666	0.650	0.634	0.618	0.602	0.586	0.570	0.553	0.537	0.521	0.505	0.489	0.473	0.457	0.441	0.426
6.4	0.765	0.751	0.737	0.723	0.708	0.693	0.678	0.663	0.648	0.632	0.616	0.600	0.585	0.568	0.553	0.537	0.521	0.505	0.489	0.473	0.458
6.6	0.787	0.774	0.761	0.748	0.734	0.720	0.705	0.690	0.676	0.661	0.645	0.630	0.614	0.597	0.583	0.568	0.552	0.536	0.520	0.505	0.489
6.8	0.808	0.796	0.783	0.771	0.758	0.744	0.730	0.716	0.702	0.688	0.673	0.658	0.643	0.628	0.613	0.597	0.582	0.566	0.551	0.536	0.520
7.0	0.827	0.816	0.804	0.792	0.780	0.767	0.754	0.741	0.727	0.713	0.699	0.685	0.671	0.656	0.641	0.626	0.611	0.596	0.581	0.566	0.550
7.2	0.844	0.834	0.823	0.812	0.800	0.788	0.776	0.764	0.751	0.738	0.724	0.710	0.697	0.682	0.668	0.654	0.639	0.624	0.610	0.595	0.580
7.4	0.860	0.851	0.841	0.830	0.819	0.808	0.797	0.785	0.773	0.760	0.747	0.734	0.721	0.708	0.694	0.680	0.666	0.652	0.637	0.623	0.608
7.6	0.875	0.866	0.857	0.845	0.837	0.826	0.816	0.805	0.793	0.781	0.769	0.757	0.744	0.732	0.718	0.705	0.691	0.678	0.664	0.650	0.635
7.8	0.888	0.880	0.871	0.862	0.853	0.843	0.833	0.823	0.812	0.801	0.790	0.778	0.766	0.754	0.741	0.729	0.716	0.702	0.689	0.675	0.662
8.0	0.900	0.893	0.885	0.877	0.868	0.859	0.850	0.840	0.830	0.819	0.809	0.798	0.786	0.775	0.763	0.751	0.738	0.725	0.713	0.700	0.687
8.5	0.926	0.920	0.913	0.907	0.899	0.892	0.884	0.876	0.868	0.859	0.850	0.841	0.831	0.821	0.811	0.800	0.790	0.778	0.767	0.755	0.744
9.0	0.945	0.940	0.935	0.930	0.924	0.918	0.912	0.906	0.899	0.892	0.884	0.876	0.869	0.860	0.851	0.842	0.833	0.823	0.814	0.804	0.793
9.5	0.960	0.956	0.952	0.948	0.943	0.938	0.933	0.928	0.923	0.917	0.911	0.905	0.898	0.891	0.884	0.877	0.869	0.861	0.853	0.844	0.835
10.0	0.971	0.968	0.965	0.962	0.958	0.955	0.951	0.946	0.942	0.938	0.933	0.928	0.922	0.917	0.911	0.905	0.898	0.892	0.885	0.877	0.870
11.0	0.985	0.983	0.982	0.979	0.978	0.975	0.973	0.971	0.968	0.965	0.962	0.959	0.956	0.952	0.949	0.945	0.940	0.936	0.931	0.926	0.921
12.0	0.992	0.992	0.991	0.990	0.988	0.981	0.986	0.985	0.983	0.981	0.980	0.978	0.976	0.974	0.971	0.969	0.966	0.963	0.961	0.957	0.954
13.0	0.996	0.995	0.995	0.995	0.994	0.993	0.993	0.992	0.991	0.990	0.989	0.988	0.987	0.986	0.984	0.983	0.981	0.980	0.978	0.976	0.974
14.0	0.998	0.998	0.998	0.997	0.997	0.997	0.996	0.996	0.996	0.995	0.994	0.994	0.993	0.993	0.992	0.991	0.990	0.989	0.988	0.987	0.986
15.0	0.999	0.999	0.999	0.999	0.999	0.998	0.998	0.998	0.998	0.997	0.997	0.997	0.997	0.996	0.996	0.995	0.995	0.994	0.994	0.993	0.992

参考文献

1 云南省水利水电学校耿鸿江主编．工程水文及水利计算（第四版）．北京：中国水利水电出版社，2001

2 广西水电学校丁炳坤主编．工程水文学（第三版）．北京：水利电力出版社，1994

3 东北水利水电专科学校朱伯俊主编．水利水电规划．北京：水利电力出版社，1992

4 江苏水利工程专科学校蒋金珠主编．工程水文及水利计算．北京：水利电力出版社，1992

5 武汉水利电力学院袁作新主编．工程水文学．北京：水利电力出版社，1990

6 廖松、王燕生、王路．工程水文学．北京：清华大学出版社，1991

7 黄河水利学校殷兆熊等．水文水利计算（第三版）．北京：水利电力出版社，1994

8 成都科技大学等合编．工程水文及水利计算．北京：水利电力出版社，1983

9 耿鸿江．Excel 在 P—Ⅲ型分布频率计算中的应用研究．水电能源科学，2002，20（3）：42～44

10 耿鸿江等．瞬时单位线的 Excel 快速算法．人民长江，2003，34（2）：6～7

11 水利部．GB50201—94 防洪标准．北京：中国计划出版社，1994

12 SL44—93 水利水电工程设计洪水计算规范．北京：水利电力出版社，1993

13 SL104—95 水利工程水利计算规范．北京：中国水利水电出版社，1996